ABHANDLUNGEN DER DEUTSCHEN AKADEMIE
DER WISSENSCHAFTEN ZU BERLIN

Klasse für Chemie, Geologie und Biologie

Jahrgang 1957 Nr. 5

HANS LEITERITZ

OBERDEVONKONGLOMERATE AM NORDWESTRAND DES SÄCHSISCHEN GRANULITGEBIRGES

Abhandlungen zur Geotektonik Nr. 15
Herausgegeben vom
Geotektonischen Institut der Akademie
Direktor: Professor Dr. S. von Bubnoff

AKADEMIE-VERLAG · BERLIN

1957

Vorgelegt von Hrn. v. BUBNOFF in der Gesamtsitzung vom 7. März 1957
Zum Druck genehmigt am gleichen Tage, ausgegeben am 30. November 1957

Erschienen im Akademie-Verlag GmbH., Berlin W 8, Mohrenstraße 39
Lizenz-Nr. 202 · 100/521/57
Kartengenehmigung: MdI der DDR Nr. K 11/3758
Satz, Druck und Einband: IV/2/14 - VEB Werkdruck Gräfenhainichen - 779
Bestell- und Verlagsnummer: 2001/57/II/5
Preis: DM 12,00
Prindet in Germany

INHALT

I. Einführung

1. Vorbemerkungen

Unter der Leitung von Herrn Prof. Dr. Dr. h. c. S. v. Bubnoff sind zur Zeit Untersuchungen im Gange, die eine genauere Kenntnis der Tiefengesteine des mitteldeutschen Varistikums erbringen sollen. Sie haben zum Ziel, noch offene Fragen in bezug auf die Tektogenesen, von denen der mitteldeutsche Raum betroffen wurde, zu beantworten.

Besondere Bedeutung kommt in diesem Zusammenhang dem sächsischen Granulitgebirge und seiner Schieferhülle zu. Eingehend mit dem Problem des sächsischen Granulits, seiner Sonderstellung im Rahmen des böhmisch-sächsischen Kristallins einerseits, der Frage nach der Zusammengehörigkeit von Hülle und Kern andererseits, beschäftigten sich schon Scheumann und seine Schüler.

Die Untersuchungen der Leipziger Petrographenschule nahmen ihren Ausgangspunkt vom Frankenberger Zwischengebirge. Es versteht sich so, daß vornehmlich der Südrand des Granulitgebirges, einschließlich seines paläozoischen Anteils, eingehender bearbeitet wurde. Relativ unbeachtet blieb dabei das Paläozoikum des nördlichen Schiefermantels. Die Lagerungsverhältnisse erschienen einfach, einen Anhaltspunkt für das Alter bot fossilführendes Silur und Devon.

Als dringend untersuchungsbedürftig erweisen sich nun diese Schichten im Zusammenhang mit der noch immer erörterten Frage, Konkordanz oder Diskordanz an der Silur-Devongrenze im sächsischen Raum. Die verschiedene Beantwortung, die diese Frage in Ost- und Westsachsen erfährt, lassen die Lage des Untersuchungsgebietes auch regional bedeutsam erscheinen.

Noch erhöht wird die Bedeutung dieser paläozoischen Schichtfolge im nördlichen Schiefermantel durch die Führung von Geröllen, welche in Form einer kompakten Konglomeratbank devonischen Schalsteinen eingelagert sind. Die Untersuchung dieses Konglomerats bildet den Inhalt der vorliegenden Arbeit. Es ist das Verdienst von Herrn Prof. Dr. Bederke, Göttingen, zuerst auf die Bedeutung des Konglomerats aufmerksam gemacht zu haben.

Meinem verehrten Lehrer, Herrn Prof. Dr. Dr. v. Bubnoff, bin ich für das Zustandekommen dieser Arbeit und das stete hilfsbereite Entgegenkommen in jeder Beziehung zu größtem Dank verpflichtet. Herrn Prof. Dr. A. Schüller möchte ich an dieser Stelle gleichfalls meinen herzlichen Dank aussprechen für die wertvollen Hinweise und Ratschläge bei den mikroskopischen Untersuchungen.

2. Die Bedeutung geröllführender Schichten bei der Altersbestimmung im sächsischen Grundgebirge

Im Saxo-Thüringischen Kristallin gelang es K. H. Scheumann und seinen Mitarbeitern mit Hilfe der granitischen Komponenten mehrerer Geröllhorizonte, einen älteren magmatisch-tektogenetischen Zyklus vom varistischen Anteil zu sondern.

Nach Verformungsgrad und Position lassen sich diese grobklastischen prävaristischen Einschaltungen zwei Gruppen zuordnen: Den nur leicht metamorphen Muldenzügen (Thüringer Mulde, Vogtland) und den stärker metamorphen, im eigentlichen Sinne intrakristallinen Kernzügen, denen die stark vergneisten „archäischen Konglomerate" des Erzgebirges, die Grauwackenkonglomerate Ostsachsens (Weesenstein, Clanschwitz), und die entsprechenden Ablagerungen der Katzhütter Schichten im Schwarzburger Sattel zuzuordnen wären.

Die stratigraphische Eingliederung des wenig metamorphen Muldenzuges macht keine Schwierigkeiten – es sind das die nach Gesteinsinhalt gut definierten oberdevonisch-kulmischen Geröllhorizonte in Thüringen und Westsachsen (SCHEUMANN 1924, EIGENFELD 1938). Die stratigraphische Eingliederung des tieferen Kristallinzuges ins Algonkium (PIETZSCH 1914, DEUBEL 1925, MEHNERT 1938, SCHMIDT 1956) geschah vergleichsweise, analog den Verhältnissen in Böhmen (nachspilitischer Konglomerathorizont der mittelalgonkischen Spilitstufe).

Vermittelnd nun zwischen diesen ältesten, algonkischen und jüngsten, oberdevonisch-kulmischen Konglomeraten, schiebt sich im Raum des Schwarzburger Sattels, auch wieder analog den böhmischen Verhältnissen, ein kambro-silurischer Geröllhorizont ein (Konglomerate der Goldisthaler Schichten, des Quarzits vom Langen Berg und Lederschiefergerölle). Im engeren Bereich des Granulit- und Erzgebirges fehlte bisher jede Spur der beiden jüngeren Horizonte. Das in dieser Arbeit behandelte Vorkommen entspräche also nach seiner stratigraphischen Postition dem höheren, oberdevonischen Horizont des Vogtlandes.

Als Bezugsmagmatite der oberdevonischen Konglomerate des Vogtlandes gelten die Porphyroide und Gneise des Hirschberg-Greizer Nebensattels. Diese Magmatite werden zusammen mit anderen prävaristischen Gliedern, den ostsächsischen Chlorit- und Sericitgneisen und dem Granulit selbst, insgesamt als Rotgneisderivate angesehen. Es liegt nahe, in den Sericitgneisen von Döbeln die Fortsetzung des Hirschberg-Greizer Antiklinalzuges zu sehen.

Von größter Wichtigkeit für die tektonische Vorgeschichte des Einzugsgebietes sind ferner etwa vorhandene kristalline Komponenten: Eine nachweisbar präkonglomeratische Deformation würde auf eine voroberdevonisch wirksam gewesene tektonische Beanspruchung hinweisen, evtl. im Gefolge einer älteren Tektogenese.

Die eingehende statistische Auswertung schließlich des überlieferten Schuttmaterials gibt Auskunft über dessen Bildungsmechanismus und liefert exakte Unterlagen für spätere notwendige Parallelisierungen mit anderen Fundpunkten.

3. Tektonik und Stratigraphie des Untersuchungsgebietes im Überblick

Das Granulitgebirge wird heute gedeutet als der Kernanschnitt einer Antiklinalzone, die sich noch einmal, in wesentlich seichterem Anschnitt, als Bergaer Sattel zutage hebt. Man dürfte danach erwarten, im Schieferkranz des Mittelgebirges dieselben Schichten wiederzufinden, wie sie von Kern und Flanke des Bergaer Sattels her bekannt sind. Einer stratigraphischen Parallelisierung im Wege steht nur die ungleich stärker metamorphe Überprägung des Altpaläozoikums im engeren Raum des Untersuchungsgebietes, gegenüber den entsprechenden, weniger stark beanspruchten thüringischen Schichten. Hinzu kommt eine auffällig starke Schichtenverstellung in der Nähe der Nähe der Silur-Devon-Grenze.

Am augenfälligsten widerspiegeln diese Verhältnisse gewisse schwarze quarzitische Schiefer und zahlreiche Kiesel- und Alaunschiefervorkommen, die in winzigen, kaum auskartierbaren Schuppen dem Altpaläozoikum bis ins Oberdevon hinauf eingelagert sind. Als die empfindlichsten Indikatoren für erlittene tektonische Umformung erweisen sich die weichen Alaunschiefer: Wechsellagernd mit härteren, stengelig gestreckten verkieselten Schiefern, bilden die kohlenstoffreichen, tonigen Partien gewölbte Schalenflächen, in denen die kohlige Substanz in gewundenen Knötchenreihen oder löcherigen, mit schwarzem Mulm erfüllten Blasen-

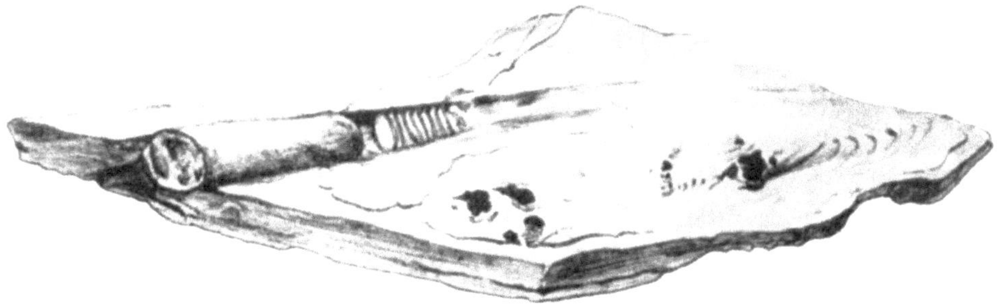

Abb. 1. Alaunschieferlage in einer Kieselschieferschuppe

räumen angereichert erscheint. Infolge von Quarzausscheidungen, die septenartig in die mulmigen Partien hineinragen, erhalten diese stellenweise ein Kieselskelett, so daß tütenförmig ausgelängte Gebilde entstehen von scheinbar organischem Urpsrung (Abb. 1).

Möglicherweise sind in diesen schwarzen Gesteinen Äquivalente der von Scheumann und Becker beschriebenen Metakieselschiefer und Graphitquarzite, wie sie vom Südrand des Granulitgebirges bzw. aus der Zwischengebirgsunterlage bekannt wurden, enthalten.

Daß diese Kieselschiefergruppe überhaupt älteren, vordevonischen Schichten angehört, wird durch Graptolithen, die eines der erwähnten Vorkommen führt, direkt bewiesen. Es handelt sich dabei um eine individuenreiche, aber monotone Vertretung der biostratigraphisch gut abgegrenzten Gattungen *Retiolites* und *Stomatograptus*[1]), einer Assoziation, die das Vorkommen den obersilurischen Zonen 24–26 britischer Einteilung zuordnet. Gotlandium ist damit auch im nördlichen Granulitgebirgsmantel bis in die obersten Horizonte des Obervalent belegt.

Wo immer sonst die Silur-Devon-Grenze aufgeschlossen ist, erweist sich der Kontakt als eine scheinbar konkordante Auflagerung devonischer Schichtglieder (Tentakulitenschiefer, Schalstein) auf Schiefer des Untersilur, ein Umstand, der in seiner Vieldeutigkeit – Schichtlücke, Verwerfungsdiskordanz oder tektonisch gleichgerichtete Winkeldiskordanz – vorläufig, für sich allein, keinerlei Aussagewert besitzt. Auch der deutliche Wechsel im Streichen diesseits und jenseits einer nicht unmittelbar aufgeschlossenen Grenze auf den Blättern Rochlitz und Leisnig, ist eine zwar willkommene, jedoch nicht ausreichende Bedingung für die Annahme einer stratigraphischen Diskordanz zwischen Silur und Devon. Die diesbezüglichen Untersuchungen, die bis in die Gegend von Altenburg ausgedehnt werden müssen, sind noch nicht abgeschlossen.

Das Altpaläozoikum des Arbeitsgebietes ist ein in die Formationen Kambrium, Silur und Devon gegliederter Schichtenverband, der konkordant der Glimmerschiefer- und Phyllitzone aufgelagert ist und wie diese, konform dem elliptischen Umriß des Granulitgebirges, bei nordwestlichem Einfallen von SW nach NO streicht.

Die petrographischen Übergänge vom Liegenden zum Hangenden sind fließend. Die echten, noch deutlich kristallinen Phyllite der Liegendzone gehen unmerklich in phyllitische und normale Tonschiefer über, die nach oben zunehmend klastisches Gepräge annehmen und deren höchster Horizont den petrographischen Habitus der Thüringischen Lederschiefer zeigt.

Gesteinsfaziell gut abgrenzbar und durch Fossilführung eindeutig im stratigraphischen Profil festzulegen, folgen darüber Schichten devonischen Alters, die diskonkordant von flachlagernden Gesteinen des Rotliegenden abgeschnitten werden.

[1]) Die Bestimmung wurde freundlicherweise von Herrn Münch, Karl-Marx-Stadt, durchgeführt.

Das Liegende im Devonprofil bilden allenthalben Tentakulitenschiefer, die sich lithologisch scharf gegen die höheren, aber stets fossilleeren Dachschiefer abheben, welche, mit sehr heterogen zusammengesetzten Schalsteinschiefern verknüpft, das Oberdevon im Kartierungsraum vertreten. Ein mächtiges Lager von Quarzkeratophyr schließt bei Lastau diese Folge nach oben ab. Abdrücke von *Favosites polymorpha* in den Schalsteinen bei Lastau, von *Spirifer verneuili* u. a. in den Grauwacken und Schiefern derselben Zone auf dem Nachbarblatt Frohburg, weisen diesen Schichtenverband hinreichend sicher als tiefoberdevonisch aus.

II. Geologische Charakteristik des Konglomerats

4. Lagerungsverhältnisse

Überaus charakteristisch für die Sedimentationsbedingungen des tieferen Oberdevons sind hier – wie auch überall sonst im sächsisch-thüringischen Raum – gröberklastische Einschaltungen innerhalb des Schalsteinmittels und deren faziell widerspruchsvoller, abrupter Wechsel mit Ablagerungen eines relativ hohen Aufbereitungsgrades: Reine Tonschiefer wechsellagern mit groben Grauwacken, die wiederum von feinklastisch-tuffitischem Material eingedeckt werden; gelegentlich zwischengeschaltete Kalkbänke bilden gleichsam Zeitmarken ab einer vorübergehend stetigen Entwicklung im unruhig frühorogenen Sedimentationsablauf der alten Geosynklinale.

Ein klassisches Profil der geschilderten Art ist im Auenbachtal, einem kleinen Seitentälchen der Zwickauer Mulde, dicht unterhalb der Ortschaft Koltzschen, aufgeschlossen. Das steilwandige Erosionstal des Auenbaches schneidet hier tief durch die Rotliegenddecke in den Untergrund ein und entblößt die oberdevonischen Schichten, senkrecht zu deren Streichen, in fast ihrer ganzen Mächtigkeit (Abb. 2).

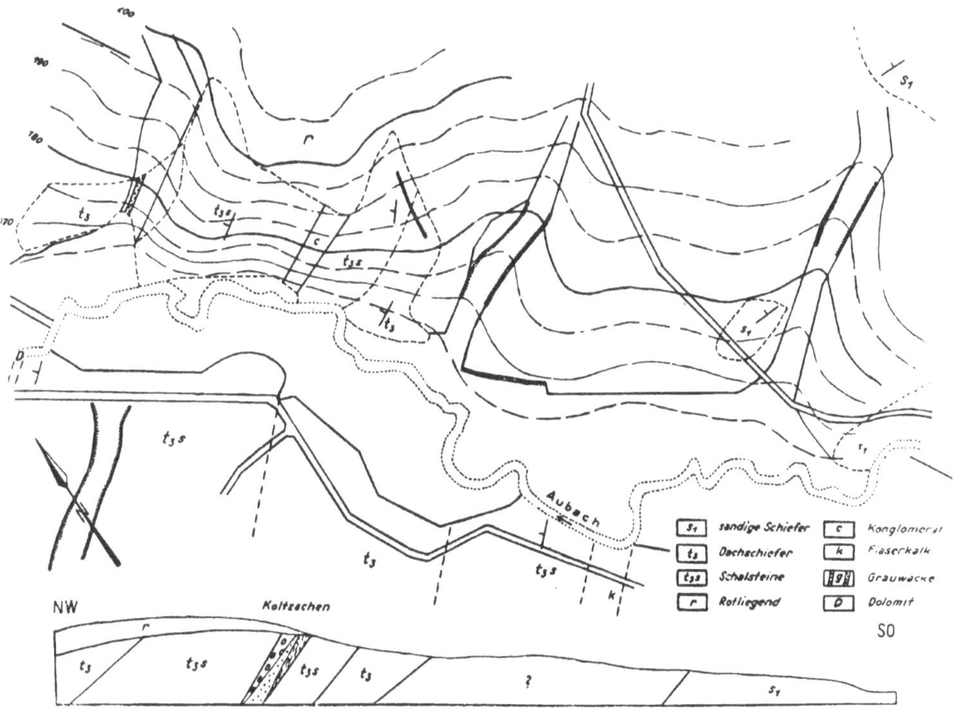

Abb. 2. Lageplan und Profil durch das rechte Auenbachgehänge (Maßstab 1 : 2000)

Nach rein petrographischen Merkmalen läßt sich dieses Koltzschener Oberdevon in die folgenden Stufen gliedern:

1. Untere Schalsteinschiefer mit einer Einlagerung von plattigem Flaserkalk
2. Tonschiefer, untergeordnet Schieferkalke
3. Obere Schalsteinschiefer mit einer Einlagerung von Graphophyrkonglomerat
4. Tonschiefer, untergeordnet Grauwacken.

Das interessanteste Glied dieser tiefoberdevonischen Kulmfazies ist das dem Schalsteinschieferkomplex zwischengeschaltete Konglomerat. Sein unmittelbar Liegendes bilden Schalsteinschiefer im Wechsel mit Tonschiefer, das unmittelbar Hangende Schalsteine derselben Art, die von der intensiven Schieferung nicht überwältigte Diabasbomben führen. Die mittleren Werte für das Fallen der Schieferung betragen N 45 O/45° NW.

Der plötzliche Wechsel in der Fazies überrascht zunächst, liegt doch eine anscheinend konkordante Einlagerung einer ausgesprochen groben Geröllpackung in einer sehr mächtigen, vulkanisch-feinklastischen Serie vor.

Zwei einfache Möglichkeiten der Deutung dieser abnormen Lagerungsverhältnisse sind gegeben:

1. Das Konglomerat stellt ein faziesfremdes Glied dar und seine Kontakte sind tektonisch bedingt;
2. Das Konglomerat ist konkordant den Schalsteinschiefern eingeschlichtet:
   a) mit beiderseits unscharfen Kontakten und kontinuierlichen Übergängen in der Korngröße,
   b) mit nur einseitig kontinuierlichem Übergang und scharfem Kontakt im Liegenden oder Hangenden.

Der tatsächliche Befund, wie ihn die genaue Untersuchung der Hangend- und Liegendgrenze erbrachte, zeigt den folgenden Sachverhalt:

Aufgeschlossen ist allein, wenn auch lückenhaft, die Liegendgrenze. Der Übergang Schalstein/Konglomerat vollzieht sich allmählich in Form einer 2 m mächtigen Wechsellagerung von sandigen Schiefern und Arkose nach der Hangendseite und einer wenig mächtigen Wechsellagerung von harten, splittrig brechenden Tonschiefern und Schalstein nach der Liegendzone zu.

In der Schalsteinzone werden die Schieferlagen bis 3,5 cm stark und wechsellagern mit etwa 20 cm mächtigen Schalsteinschiefern; die mit der Arkose alternierenden Schiefer, noch vorherrschend an der Basis der Wechsellagerung, dünnen nach dem Hangenden zu bis auf mm-Dicke aus, wie in gleichem Richtungssinn die Arkose bis zu übermetermächtigen Bänken anschwillt und dabei, lokal, grauwackenähnlichen Habitus annehmen kann. Der deutliche Farbkontrast der dunkelgrünen Schiefer gegen die rötlichgelbe Arkose unterstreicht dabei den Charakter dieser Abfolge als primären Schichtwechsel eines periodischen (vermutlich zyklischen) Sedimentationsablaufes (Abb. 3).

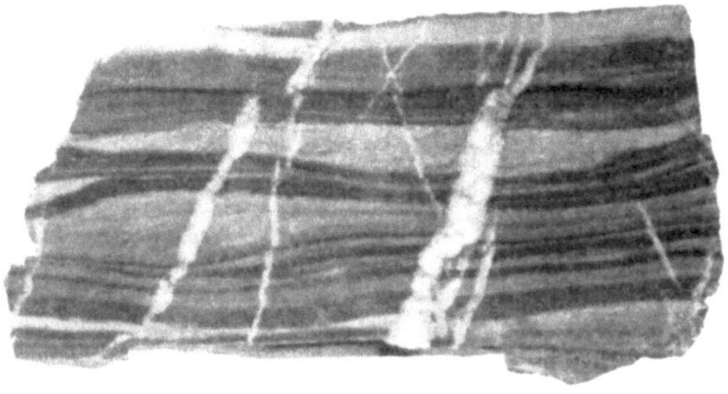

Abb. 3. Zone der Wechsellagerung im Querschnitt und Anschliff

Nur lückenhaft aufgeschlossen ist der ganze übrige Verband zur Hangendgrenze hin. Die eigentlich konglomeratführenden Lagen treten klippenartig als einzelne, verwitterungsbeständigere Felsnasen hervor. Mit Sicherheit läßt sich nur soviel sagen, daß der liegenden Arkosezone zunächst eine mehrere Meter mächtige Bank vorherrschend kleingerölligen Konglomerats folgt und erst die hangendsten 4–6 m die grobe Geröllpackung eines normalen Konglomerats zeigen (Maximalkorngröße 40 cm größter Durchmesser). In ihrer Gesamtheit werden die konglomeratführenden Schichten etwa 15 m mächtig.

Die Grenze gegen den eindeckenden Schalsteinschiefer im Hangenden ist nicht aufgeschlossen. Eine etwa 20 m breite, seichte Ausräumungszone verhüllt den Untergrund. Unter den Lesesteinen ist kein Konglomeratmaterial mehr nachweisbar. Ein künstlich angelegter Schurf lieferte ausschließlich Schalsteinmaterial, förderte aber ein mit einem Stück Schalsteinschiefer verbackenes Porphyrgeröllchen. Dieser gestörte Kontakt im Hangenden der Konglomerate findet seine einfachste Erklärung in der Annahme, daß grobes Konglomerat unmittelbar neben Schalsteinschiefer zu liegen kommt und diese Fläche denkbar größter Unstetigkeit für eine spätere Ausräumungszone geradezu prädestiniert erscheint. Immerhin bedarf aber die übergangslose Auflagerung des Hangendschalsteins auf das „Litoral" der Konglomerate einer besonderen Erklärung.

Die Schichtfolge

Schalstein
Wechsellagerung
Grauwacke bzw. Arkose
Konglomerat

stellt eine Reihe abnehmenden Aufbereitungsgrades vom Liegenden zum Hangenden vor, wie sie mit dem sich meerwärts verlagernden Faziesgürtel einer Regression in gutem Einklang stände. Der scharfe Kontakt im Hangenden wäre dann Ausdruck einer Schichtlücke, wie sie bedingt ist durch kurzfristige Emersion mit teilweise Abtragung und nachfolgender Eindeckung durch Laven und Tuffe.

Der petrographische Befund unterstützt zunächst diese Deutung. Grundmasse und Gerölle sind im Hangenden intensiv rot gefärbt. Eine Infiltration aus dem überlagernden Rotliegend kommt nicht in Frage, da den Schalsteinschieferflächen jede Rötung fehlt. Es mehren sich, auch wieder nach dem Hangenden zu, diabasische Einlagerungen in der Grundmasse. Diabasgerölle, nach Gefüge und Mineralbestand nicht von den oben erwähnten Schalsteinbomben zu unterscheiden, könnten als vulkanische Auswürflinge angesehen werden. Im Gegensatz zu den im allgemeinen scharf konturierten Geröllformen der übrigen Komponenten sind sie besonders innig mit der Grundmasse verflößt (Abb. 4).

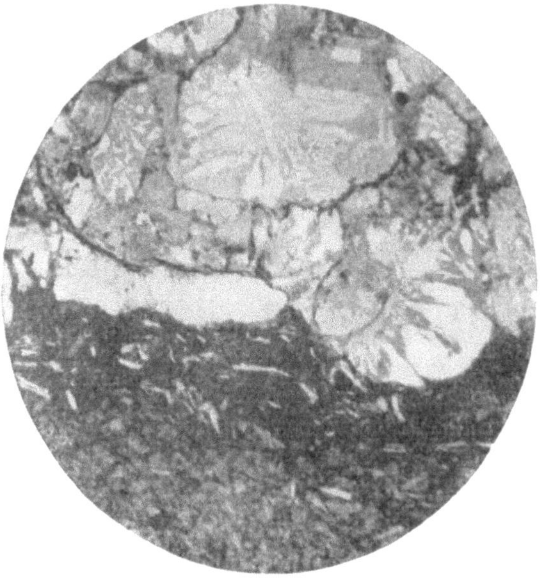

Abb. 4. Mit Grundmasse (oben) verschweißtes Diabasgeröll (unten)

Der tektonische Befund widerspricht jedoch dieser Deutung insofern, als die Schichtung, wie sie deutlich in der Wechsellagerung vorgezeichnet ist, merklich steiler einfällt (um 80°)

als die Schieferung der unmittelbar angrenzenden Schalsteine (um 45°). Ein steileres, aber gleichsinniges Einfallen der Schichtung gegenüber der Schieferung würde aber umgekehrte Schichtenfolge anzeigen; die abnorme Hangendgrenze wäre dann als lokale Erosionsdiskordanz, das Konglomerat als Basalsediment mit aufgearbeitetem Basismaterial anzusehen, die ganze Bank also als der liegende Schenkel einer überkippten Falte. Der petrographische Befund ließe sich ebensowohl – wie noch gezeigt werden wird sogar besser – in diesem Sinne auswerten. Es darf allerdings nicht verschwiegen werden, daß die Aufschlußfläche der allein einzumessenden Wechsellagerungsschichtung nur etwa 1 m² beträgt und an dem sehr steilen Hang mit örtlichen Schichtverdrückungen gerechnet werden muß.

Eine Schichtung innerhalb der Konglomerate ist angedeutet bzw. vorgetäuscht im Wechsel der Korngröße und der Anreicherung, besonders der gröberen Geröllkomponenten auf bestimmte Lagen zwischen geröllfreiem Arkosemittel. Dabei fällt auf, daß die Längsachsen der ellipsoidförmigen Gerölle oft einheitlich gerichtet sind; sie streichen dann N 10–20° O bei einer Neigung von 20° in derselben Richtung. Auf die Frage, ob hierin primäre Ablagerungseigenschaften (Regelung nach der Korngestalt, Dachziegellagerung) abgebildet sind, oder ob die stengeligen Gerölle, wie die gleichsinnig orientierte grobflaserige Paralleltextur gerade solcher geregelten Gerölle anzudeuten scheint, als Deformationsformen anzusprechen sind, wird in Abschnitt 11 eingegangen werden.

5. *Gesteinsinhalt*

Am Aufbau der Konglomerate ist Eruptiv- und Sedimentmaterial beteiligt.

Das *Eruptivmaterial* setzt sich zusammen aus Gliedern einer granitischen und einer porphyrischen Serie, deren reine Endglieder, klein- bis mittelkörniger Eugranit bzw. kryptokristalliner Rhyolith, aber nur spärlich in Erscheinung treten. Das Schwergewicht liegt bei den hypabyssischen Verbindungsgliedern, die in allen möglichen Übergängen Intrusiva und Effusia miteinander verknüpfen. Charakteristisches Strukturmerkmal dieser granitisch-porphyrischen Übergangsserie ist die schriftgranitische Verwachsung von Quarz und Feldspat. Der basische Anteil unter den Magmatitgeröllen, sofern diese eben nicht pyroklastischen Ursprungs sind, wird vertreten durch diabasähnliche Gesteine.

Unter den Geröllen *sedimentärer* Abkunft überwiegen Grauwacken und Schiefer, die außerdem, zu etwa gleichen Teilen, in Hornfelsfazies vorliegen. Ausgesprochen akzessorischen Charakter haben die wenigen Gerölle eines dolomitähnlichen Gesteins (15 % $MgCO_3$) und ganz vereinzelte Exemplare von Chlorit-Quarzit.

Die *Grundmasse* stellt entweder, als Matrix, nur besser aufgearbeiteten Gesteinsdetritus der gleichen Zusammensetzung vor, oder aber sie bildet, in sich homogen, kompakte Bänke einer Graphophyrarkose besonderer Prägung.

Um ein möglichst genaues Bild, qualitativ und quantitativ, der Beteiligung der verschiedenartigen Konglomeratkomponenten zu gewinnen, wurde die von EIGENFELD und MEHNERT entwickelte megaskopische Integrationsmethode übernommen, da nur diese eine (statistisch) vollständige Erfassung aller Komponenten gewährleistet. Das Material lieferten hierfür größere Gesteinsblöcke, die durch drei Sprengungen dem Aufschluß an verschiedenen Stellen entnommen, und im Querschnitt zu Platten von etwa 20 × 40 cm zerschnitten wurden. Die Integration erfolgte unter dem Binokular mittels Millimeterpapier längs parallelen Meßlinien, die mit weißer Tusche im Abstand von 1 und 2 cm über das lackierte Präparat gezogen wurden. Hinreichend genau werden mit dieser Methode alle Bestandteile erfaßt, deren Schnittlinie mit der Indikatrix $\leq 35{,}6 \geq 2$ mm beträgt. Die mikroskopische Dünnschliffuntersuchung ergänzt und erweitert den erfaßten Korngrößenbereich beliebig weit nach unten.

Die Ergebnisse der Integration liegen in Tabelle 1 und 2, in graphischer Darstellung in Figur 1 und 2 vor (Abb. 5).

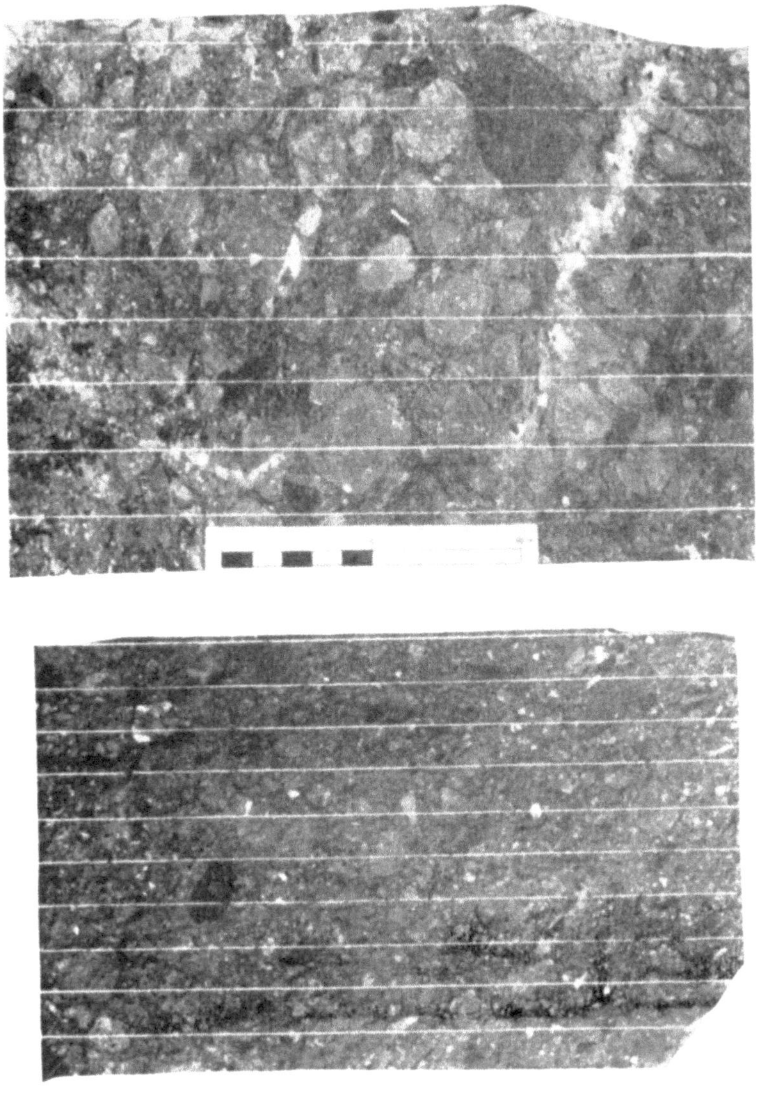

Abb. 5. (oberes Bild) Grobgerölliges Konglomerat
(unteres Bild) Feingerölliges Konglomerat

Ein Nachteil dieser Methode, der sich vor allem störend bei der Korngrößenanalyse bemerkbar macht, besteht darin, daß sich der Anteil der groben Komponenten, die nesterweise angereichert erscheinen, nur sehr unzulänglich erfassen läßt.

Die ergänzend vorgenommene Auszählung nach Stückprozenten an über 3000 freipräparierten und angeschlagenen Geröllen, die sämtlich der Grobkiesfraktion angehören (20 bis 200 mm), ergibt gegenüber den von der Indikatrix geschnittenen Komponenten, unter Ausschluß der Tonschiefer- und Grauwackengerölle, das folgende Verteilungsbild:

	Grobkies (20–200 mm) %	Grobkies (20–200 mm) Stück	vorwiegend Feinkies (2–35,6 mm) %	vorwiegend Feinkies (2–35,6 mm) Stück
I. Granitische Gruppe	19,6	575	42,0	1103
II. Dichte Porphyre	60,0	1813	20,3	538
III. Quarzkeratophyr	5,8	173	14,2	377
IV. Diabasgruppe	4,1	123	8,0	209
V. Hornfels	10,5	232	15,5	410
	100,0	2916	100,0	2637

Bei guter Übereinstimmung im großen und ganzen dieser zwei Reihen in der Vertikalen und der zu erwartenden Zunahme in der Horizontalen – im einzelnen sind die bei der natürlichen Aufbereitung in Wechselwirkung tretenden Faktoren (Größe, Form, spez. Gewicht, Textur der Gesteine und Besonderheiten des Einzugsgebietes) schwer zu überblicken – fällt die stark unterschiedliche und gegensinnige Verteilung in der Porphyr- und Granitgruppe auf. Tatsächlich gehören aber beide Gruppen mit zu den häufigsten großen und auch bestgerundeten Komponenten; die absolut größten Durchmesserlängen wurden sogar an Graniten gemessen. Zu erklären ist das starke Übergewicht der Porphyre in den gröbsten Kornklassen wohl damit, daß Granite im allgemeinen weniger zur groben Blockbildung einer bestimmten Größenordnung neigen als Porphyre; zweifellos spielt aber, was die relative Stückzahl anbelangt, auch das subjektive Moment in der Wahl der frei zu präparierenden Gerölle eine gewisse Rolle. Die weniger stark mit der Grundmasse verschmolzenen, idiomorphen und beinahe glanzglatten Porphyrgerölle bieten sich dem Auge eher als zu Formuntersuchungen geeignet an, als die oft nur in Fragmenten vorliegenden Granite.

Die Werte der Tabelle 2 wurden mit dem durch CHAYES entwickelten Meßpunktverfahren ermittelt.

Tabelle 1

Gesteinstypus	Grobgerölliges Konglomerat			Feingerölliges Konglomerat			Zusammen		
	Indikatrix mm	Vol.-%	Anzahl der geschnittenen Gerölle	Indikatrix mm	Vol.-%	Anzahl der geschnittenen Gerölle	Indikatrix mm	Vol.-%	Anzahl der geschnittenen Gerölle
1. Eugranit	380	2,4	38	90	1,0	14	470	1,9	52
2. Graphophyrgranit	6689	42,5	590	3211	36,0	461	9900	40,2	1051
3. Rhyolith	3712	23,6	306	1583	17,7	232	5295	21,4	538
4. Quarzkeratophyr	973	6,2	140	1260	14,1	237	2233	9,0	377
vitrophyrisch	219	1,4	35	130	1,4	9	349	1,4	44
5. Diabas	1085	6,9	85	617	6,9	55	1702	6,9	140
hyaloophitisch	8	< 0,1	2	232	2,6	23	240	0,9	25
6. Grauwacke	533	3,4	52	150	1,7	27	683	2,8	79
7. Tonschiefer	950	6,0	179	721	8,0	139	1677	6,8	318
8. Fleckgrauwacke	228	1,5	45	402	4,5	72	630	2,6	117
9. Flecktonschiefer	954	6,0	171	544	6,1	122	1498	6,1	193
10. Quarzit	50	0,3	1	–	–	–	50	0,3	1
11. Dolomit	–	–	–	77	0,8	3	77	0,8	3
	15781	100,3	1644	9017	100,8	1194	24804	101,1	2938

Figur 1 (Gesamtverteilung Gerölle : Grundmasse)

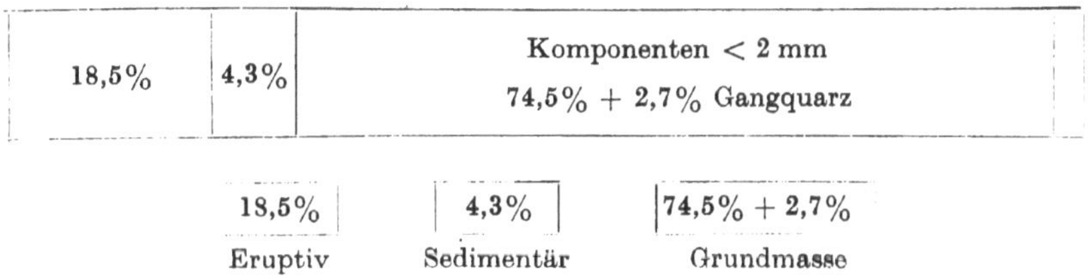

Tabelle 2

Belegstück Nr.	93ff. → 66		65		64,63	
Dünnschliff Nr.	93.1ff. → 66.1		65.1/7		64.8ff. → 63.1	
	Grundmasse mit Grauwackenhabitus				Grundmasse mit Arkosehabitus	
Gesteins- und Mineralarten	Zahl der Meßpunkte	Vol.-%	Zahl der Meßpunkte	Vol.-%	Zahl der Meßpunkte	Vol.-%
Eugranit	23	0.5				
Saures Ergußgestein	133	3.2				
Basisches Ergußgestein	6					
Hornfels	93					
Tonschiefer	130	7.1	8	0.4		
Grauwacke	77					
Quarzit	10					
Quarz-Feldspatverwachsungen						
grobgraphisch	1678	46.0	773	38.4	497	33.2
feingraphisch	320					
nichtgraphisch	184	4.2	81	4.0	116	7.7
Feldspat						
Plagioklas	63		115		26	
Orthoklas	110	10.2	43	24.2	133	26.7
plagioklastisch verwitt.	159		245		78	
orthoklast. verwitt.	109		85		162	
Quarz						
nichtundulös	52				150	
undulös	128	4.7	137	6.8	86	19.8
kataklastisch	29				62	
Erz	229		61		111	
Biotit	25	6.2		5.1	52	11.8
Calcit, Apatit, Zirkon	16		40		15	
Chlorit. (anomal blau)	138	3.2	196	9.6		
Matrix (Chlorit, Serizit, Erz)	636	14.7	232	11.5	12	0.8
	4348	100.0	2016	100.0	1500	100.0

Figur 2 (Grundmasse)

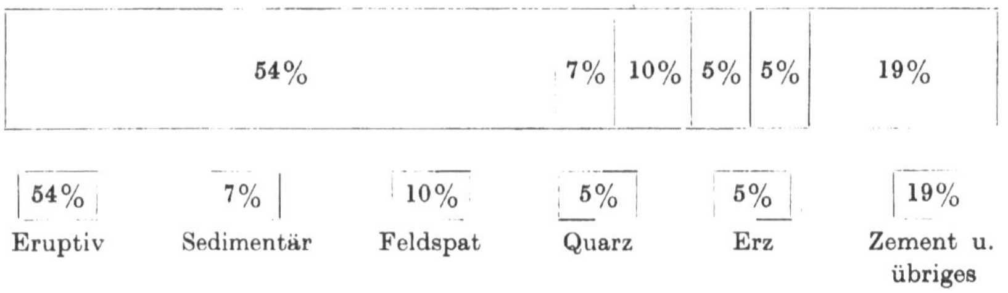

6. Deformationserscheinungen

Die Herausgeber der ersten Auflage des Blattes Leisnig werden dem äußeren Erscheinungsbild der Konglomerate ganz gut gerecht, wenn sie die Bank in ihrer Gesamtheit als Porphyroid mit „. . . faustgroßen eingestreuten Geröllen von Granitgneis, Gneisglimmerschiefer, Quarz . . ." usw. bezeichnen. Der felsitporphyrisch-aplitische Charakter, vor allem der massiven, geröllfreien Arkosebänke dürfte für diese Benennung ausschlaggebend gewesen sein.

In der Tat bereitet selbst die Dünnschliffuntersuchung noch erhebliche diagnostische Schwierigkeiten, liegt doch eine stark verkieselte Graphophyrarkose in lückenlos verzahnter Kontakt- und Zuwachsbindung mit teilweiser Neusprossung von Calcit und Apatit vor, deren paragenetische Abkunft sich unmittelbar eben nur aus kontinuierlichen Übergängen zu zwischenmittelreicheren, deutlich klastischen Partien ergibt.

Steilfallende, NNO streichende offene Spalten vertreten innerhalb der Konglomerate die durch Schieferung und Schichtung vorgezeichnete Richtung. Versetzte Quarzgänge, die als gefüllte Querklüfte diese Strukturen senkrecht durchschneiden, beweisen spätere Verschiebungen in diesen Ebenen.

Kleintektonisch bildet sich dieses orthogonale Kluftsystem ab in der ganz verschiedenen Zertrümmerung, die das Einzelgeröll erfahren kann: Entweder erscheint es stufenförmig abgesetzt längs scharfen, wieder ausgeheilten Verwerfungen ohne deutlich sichtbare Kittsubstanz, oder aber es liegt eine flächige Durchtrümerung mit Quarzgeäder vor, das in die Grundmasse fortsetzt und dabei die bekannte flexurartige Abbiegung in dem „kompetenteren" Geröllmaterial erleidet.

Diese Quarzdurchtrümerung kann dabei recht bedeutende Ausmaße annehmen (bis 8 cm breite Quarzgänge wurden beobachtet). Die von den älteren Autoren aufgeführten Quarz-

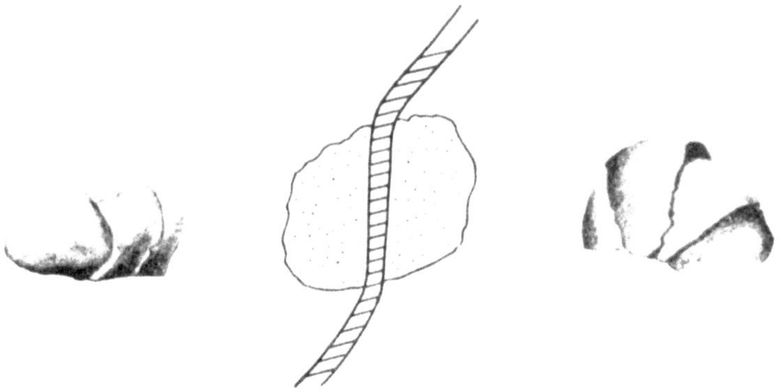

Abb. 6

Abb. 7. Graphophyrgranit im Längsbruch

gerölle unter den Konglomeratkomponenten sind auf solche in situ entstandenen Gangquarztrümmer zurückzuführen.

Was nun die Frage nach etwa vorhandenem Kristallinmaterial im Geröllbestand anbelangt (Granitgneis und Gneisglimmerschiefer der alten Autoren), so weist die große Gruppe der granitporphyrischen Graphophyrgranite im Längsbruch eine mehr oder weniger deutlich ausgeprägte lineare Paralleltextur auf. Hervorgerufen wird diese Regelung des Gefüges durch die subparallele Ausrichtung der Längsachsen der Feldspateinsprenglinge parallel den größten Geröllachsen b, die, so oft diese eingemessen werden konnten, nach NNO orientiert sind. Der Umstand, daß die gneisartigen Texturen ebenso wie die kataklastische Zertrümmerung und intensive Sericitisierung (ölgrüne Farbe) der Feldspatgroßkristalle nur bei den granitporphyrischen Graphophyrgraniten und gewissen Porphyren auftreten, während die übrigen Geröllkomponenten, einschließlich der Eugranite, wesentlich unbeeinflußt erscheinen, läßt sich nicht befriedigend mit der Annahme einer nur sekundär erworbenen, postkonglomeratischen Deformation erklären. Eine primär schon vorhanden gewesene Mylonitisierung, zumindest der Graphophyrgerölle, ist wahrscheinlicher (Abb. 7).

Echte Gneistexturen, also die lagenweise Stoffsonderung nach felsischen und mafischen Mineralanteilen, sind nirgends zu beobachten. Die Granitgneise und Gneisglimmerschiefer der alten Autoren sind demnach als nur mylonitisch deformierte Graphophyrgranite anzusprechen, wobei die ergänzend vorgenommene schwermineralanalytische Untersuchung der Grundmasse auch die Möglichkeit ausschaltet, daß echte kristalline Schiefer in irgendeiner Form aufgearbeitet vorliegen. Typische regionalmetamorphe Minerale wie Granat, Disthen, Staurolith fehlen völlig, während die normalen magmatitischen Akzessorien wie Zirkon und Opakanteil in extremer Anreicherung, neben Chlorit, beinah ausschließlich den Schwermineralgehalt ausmachen.

Über Art und Ausmaß der Verformung der Einzelkomponenten wird in Kapitel IV berichtet werden.

III. Petrographische Beschreibung der Geröllkomponenten

7. *Die Eruptivgesteine*

a) Saure Abfolge

EUGRANIT

Die hier unter dem Namen Eugranit beschriebenen Gerölle, bemerkenswerterweise mit nur 2 % im Stoffbestand vertreten, sind genetisch eng mit der großen Gruppe der im nächsten Abschnitt besprochenen Graphophyrgranite verknüpft. Ungeachtet der mannigfachen Übergänge, die bestehen, machen doch Besonderheiten mineralogischer, vor allem aber struktureller Art eine Abtrennung notwendig, wobei der Name Eugranit zunächst nur sprachlich den Unterschied zu den ausschließlich graphisch struierten Graniten ausdrücken soll. Es wird sich zeigen, daß von einem echten eugranitischen, also plutonischem Erstarrungsgefüge, nur bedingt die Rede sein kann.

Unschwer lassen sich schon megaskopisch zwei Varianten voneinander scheiden

1. ein kleinkörniger (Tendenz nach feinkörnig), aplitähnlicher Granit
2. ein mittelkörniger (Tendenz nach grobkörnig), pegmatitähnlicher Granit.

Das Gros dieser Gesteine stellt der aplitische Granit. Mengenmäßig ohne Bedeutung ist der pegmatitische Granit. Ein stofflicher Unterschied besteht nicht. Soweit angängig, erfolgt die Besprechung deshalb gemeinsam.

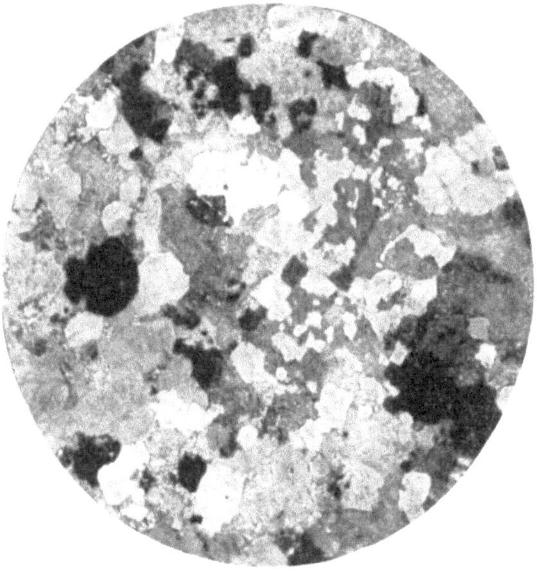

Abb. 8. Aplitähnlicher Granit

Handstückbeschreibung

Die Grauitabkömmlinge sind gut gerundete Gerölle von maximal 12×8 cm ∅, infolge Kleinheit und Gleichheit des Korns mit glatter, höchstens wenig genarbter Oberfläche. Wegen des vorherrschenden Kalifeldspatgehaltes ist der bestimmende Farbeindruck rot: Hellrot auf frischer Bruchfläche mit rauchgrauen Quarzen und sparsam eingestreuten Mafitenhäufchen, ziegelrot die Basis im Anschliff, mit milchigweißen Quarzen und zahlreichen Roteiseninterpositionen. Randlich hebt sich ein wenige mm breiter Verwitterungssaum von graugrüner Farbe ab.

Das Gestein zerspringt längs Roteisen-gefüllten Haarklüften und wird von 1–3 mm starken ± parallelen Quarz- (Chlorit-) Adern durchzogen.

Der Kalifeldspat ist frisch und spiegelt gelegentlich perlmutterfarbig ein; Glimmer ist zum größeren Teil zersetzt (Ausgangspunkt der Roteisenhaarklüfte), sonst schwärzlichgrün und stumpf oder, als Muskovit, silberweiß glänzend.

Abb. 9. Pegmatitähnlicher Granit

Dünnschliffbeschreibung

a) Mineralbestand

Sehr einfach in der mineralogischen Zusammensetzung führen sowohl die aplitischen Granite als auch die pegmatitische Abart unveränderlich als Hauptgemengteil Kalifeldspat, Quarz, Plagioklas und Biotit mit einem wechselnden Gehalt von Muskovit. Als Nebengemengteil von einiger Bedeutung tritt nur Apatit auf. Seltenes Akzessorium ist Zirkon, eingeschlossen in Biotit und in Apatit (!)

Über die Mengenverhältnisse gibt Tabelle 3 Aufschluß. Erläuternd zum Modalbestand sei bemerkt, daß jeder Schliff doppelt integriert wurde. In einem ersten Arbeitsgang wurden die Feldspäte ohne Rücksicht auf die natürlichen Kornbegrenzungen nach der Lichtbrechung integriert. Die dabei gewonnenen Werte entsprechen den Symbolen Or-Molekül und Ab-Molekül der Tabelle. Im zweiten Arbeitsgang, unter gekreuzten Nikols, wurde aller perthitischer Albit, soweit die Verhältnisse eindeutig waren (stets verzwillingte Adern-Flecken- und Schachbrettalbite im Inneren eines Feldspatgroßkorns), dem Kalifeldspat zugerechnet und weiter bei den Plagioklasen unterschieden nach Plagioklas primär, das sind der Plagioklas des Grundgefüges und die Einschlüsse im Kalifeldspat, und Plagioklas sekundär, das sind Albitneusprossungen auf den Korngrenzen und Kluftfüllungen. Die Unterscheidung dieser zwei Plagioklasgenerationen macht in der Regel keine Schwierigkeiten. Nach Habitus, Größe, Serizitisierungsgrad und Korrosionsmerkmalen unterscheidet sich der ältere Plagioklas deutlich von den pelzartigen Überkrustungen der jüngeren Generation.

Die Vorteile dieser Doppelintegration liegen auf der Hand. Was zunächst die Integration der Feldspäte nach der Lichtbrechung anbelangt, so machen die Meßdaten für das Or- und Ab-Molekül mit Ab $>$ Or eine chemische Analyse überflüssig, besser gesagt, sie verhindern die Auswertung einer solchen für klassifikatorische Zwecke, da der Charakter der ursprünglichen Mineralzusammensetzung eindeutig kalibetont ist. Auf den Sonderfall des Belegstückes 42 wird weiter unten eingegangen werden.

Im System von Johannsen fallen alle angeführten Belegstücke mit ihrem Mafitengehalt $< 5\%$ (Klasse 1), einem Anorthitgehalt der Plagioklase von meist $< 10\%$ (Ordnung 1) und den auf 100 umgerechneten Quarz-Feldspatverhältnissen in die Familie der Alaskite, wobei es ohne Bedeutung bleibt, ob bei der Bildung des Verhältnisses Kalifeldspat zu Plagioklas nur der als primär betrachtete Plagioklas in Rechnung gestellt wird, oder, wie geschehen, die Summe Plag. primär plus Plag. sekundär.

Ferner errechnet sich die den Kalifeldspäten beigemengte perthitische Albitkomponente aus der Differenz Ab-Molekül minus Plag. primär + Plag. sekundär. Die Volumprozente des

Perthitalbits betragen sonach für die angeführten Belegstücke

Nr. 44	42	41	40	39
% 16	–	15,3	19,9	17,7

Die auf diese Weise erhaltenen Werte sind als ein Minimum des perthitisch eingemengten Albits zu verstehen, da die Abgrenzung gegen die sekundären albitischen Kornrandwucherungen unscharf ist. Auf jeden Fall sprechen aber Höhe des Minimalbetrages und Ausmaß der sekundären Albitisierung (Belegstück 40, 39) auch hinsichtlich der Perthitgenese für vorwiegend spätere, metasomatisch bedingte Platznahme des Perthitalbits.

Tabelle 3. Vol.-% Eugranit

Belegstück Nr.	Pegmatitischer Granit (Muskowit > Biotit)		Aplitischer Granit (Biotit ± Muskowit)		
	44	42	41	40	39
Dünnschliff Nr.	13. 44. 1/4	13. 42. 1/4	13. 41. 1/3	13. 40. 1/7	13.39. 1/5
Indikatrixlänge mm	1084	1136	1028	1042	1246
Kalifeldspatperthit	45,3	57,4	41,5	45,5	43,7
Plagioklas primär 5—14% An	18,7	8,2	14,5	11,6	10,9
Plagioklas sekundär 0—8% An	0,7	—	4,4	7,8	7,1
Σ Feldspat	64,7	65,6	60,4	64,9	61,7
Or-Molekül	29,3	57,4	26,2	25,6	26,0
Ab-Molekül	35,4	8,2	34,2	39,3	35,7
Quarz	34,4	31,2	38,1	32,2	35,0
Σ fels. Gmgt.	99,1	96,8	98,5	96,9	96,7
Glimmer	0,4	1,7	0,8	1,4	2,2
Eisenerz	0,4	1,1	0,7	1,8	1,0
Apatit	0,1	0,4	—	—	—
Σ Mafite	0,9	3,2	1,5	2,9	3,2
Quarz: Σ fels. Gmgt. auf 100	34,7 : 65,3	32,2 : 67	38,7 : 61,3	33,0 : 67,8	36,2 : 63,8
Kalif: Σ Feldspat auf 100	70,0 : 30,0	87,5 : 12,5	68,8 : 31,2	70,1 : 29,9	71,0 : 29,0

Tabelle 4. Korngrößenverteilung Eugranit

Belegstück Nr.	44			41 40 39		
	Kalifeldspat	Plagioklas	Quarz	Kalifeldspat	Plagioklas	Quarz
Reichweite mm	0,4–4,7	0,2–3,6	0,2–4,0	0,1–1,8	0,1–1,2	0,06–1,8
Medianwerte mm 25%	0,9	0,5	0,7	0,5	0,4	0,3
Medianwerte mm 50%	1,3	0,9	1,1	0,7	0,5	0,5
Medianwerte mm 75%	1,8	1,5	1,6	0,9	0,7	0,6
Maximalgröße mm (Dinokriste, Aggregate)	4,0 × 8,0	1,3 × 3,8	2,3 × 4,6	2,7 × 3,6	1,8 × 2,1	2,7 × 4,5

b) Ausbildung der Gemengteile

Kalifeldspat

Kalifeldspat tritt in zwei Modifikationen auf, in der triklinen (mikroklinen) Ausbildung und als Orthoklas. Deiser kristallographischen Verschiedenheit kommt auch genetische Bedeutung insofern zu, als die zweite, blastisch gewachsene Kalifeldspatgeneration, vorwiegend orthoklastischen Charakter hat. Im einzelnen zeigen sich folgende Unterschiede in Ausbildung und Verteilung, wobei sich die angegebenen Idiomorphiebeziehungen gegen Quarz verstehen:

Abb. 10. Pegmatitähnlicher Granit, Verdrängungsgefüge
Weiß und dunkelgrau Quarz, hellgrau Kalifeldspat

1. Pegmatitähnlicher Granit
   a) Primärgefüge (Belegstück 44)
   Kalifeldspat vorherrschend Mikroklin, hypautomorph, Gitterlamellierung fehlend oder undeutlich, stark perthitisch.
   b) Verdrängungsgefüge (Belegstück 42)
   Kalifeldspat ausschließlich Orthoklas, xenomorph, vorwiegend blastisch, nie perthitisch.
2. Aplitähnlicher Granit
   Kalifeldspat vorherrschend Orthoklas, meist xenomorph. Mikroklin selten, dann Gitterlamellierung deutlich, xenomorph.

Um bei der optischen Bestimmung der Kalifeldspäte unabhängig von den seltenen Schnitten nach 001 mit ihrer kritischen Auslöschungsschiefe zu sein, wurden die Pole der Spaltebenen nach 001 und der Verwachsungsebene von Karlsbader Zwillingen an hundert Individuen stereographisch projiziert und mit den EMMONSschen Diagrammen verglichen. Es zeigt sich nun, daß die Achsenwinkel von 18 ungegitterten, stereographisch eindeutig als Mikroklin ausgewiesenen Feldspäten in dem engen Bereich von $-2V = 76–86°$ schwanken. Die kritische Auslöschungsschiefe auf 001 gegen die Spur von 010 variiert zwischen 14 und 19°.

Erheblich größer ist die Streuung der Achsenwinkelgröße für den Orthoklas. Die Werte von 63 gemessenen Winkeln, bei horizontaler Lage der optischen Achsenebene mit Hilfe der charakteristischen Auslöschungsschiefe nach Berek ermittelt, verteilen sich wie folgt auf die zugehörigen Quartilwerte:

−2V				A. S. X ∧ a auf 010			
Reichweite	Medianwerte			Reichweite	Medianwerte		
	25%	50%	75%		25%	50%	75%
30–80°	65°	70°	72°	0–14°	5°	7°	8°

Wie die Tabelle lehrt, fallen die mittleren 50% trotz des großen Streubereiches mit dem für Orthoklas gewöhnlich angegebenen Mittelwert zusammen. Die Pollagen entsprechen dabei zum größeren Teil der Projektion für „Orthoklase + Soda und Sodaorthoklase“ als der für reinen Orthoklas, in Übereinstimmung mit der etwas höher als normal liegenden A. S. auf 010. In zwei Fällen ergab sich als Pollage Anorthoklas mit $-2\,V$ 64 und 70° und einer A. S. von 3 und 6° auf 001. Es mag dahingestellt bleiben, ob diese Projektionswerte als Meßfehler zu verwerfen sind.

Perthitisierung des Kalifeldspates ist allgemein. Zwei Strukturmodifikationen sind zu unterscheiden. Adern- (Flammen-) Perthit und Flecken- (Flächen-) Perthit. Die Übergänge sind fließend.

Die Adern bilden breite, nach dem Albitgesetz verzwillingte Streifen, die in subparallelen Scharen den ganzen Feldspat durchziehen. Besonders schön ist diese Form der Ausbildung im Mikroklin des pegmatitischen Granits zu beobachten. Die Flecken verbreitern sich zu größeren Flächen, bis zur scheinbar antiperthitischen Verdrängung des Wirtes, wobei es gelegentlich zur Ausbildung eines zweiten $\perp$ 010 Systems von Lamellen kommt. Wirt und Albitkomponente haben die Fläche 010 gemeinsam. Als Ansiedlungsflächen in der Reihenfolge ihrer Häufigkeit werden benutzt 001, 100, 101, 110, 010. Die bevorzugte Ausbreitung parallel 100 gegenüber der Murchisonitfläche ergibt sich aus dem kritischen Winkel auf 010 gegen die Basisspaltrisse, der nur ausnahmsweise 71° erreicht, meist aber zwischen 63 und 69° schwankt.

Der perthitische Albit benutzt danach vornehmlich Spaltrisse und Absonderungen zur Ausbreitung. Nach den bei ANDERSON, EBERT, GATES u. a. angegebenen Kriterien zur Unterscheidung primären (Entmischungs-)Perthits von sekundären (Verdrängungs-)Perthit, sprechen Struktur, Verzwillingung und bevorzugte Ansiedlung auf 001 und 100 für vorwiegend spätere Zuführung der albitischen Perthitkomponente: Unmittelbar beweisen läßt sich diese sekundäre Albitinfiltration an den aplitischen Graniten, wo von randlichen, eindeutig sekundären Albitwucherungen ausgehend, Albitäderchen den Feldspat injizieren (Injektionsperthit nach COLONY).

Plagioklas

Plagioklas tritt in drei altersverschiedenen Abarten auf.

Abb. 11. Zonare Serizitfüllung eines Plagioklases

1. Plagioklas als idiomorphe Frühausscheidung bzw. als korrodierter Einschluß in Kalifeldspat.

Der Habitus ist tafelig nach 010, die Zwillingslamellierung polysynthetisch und scharf ausgeprägt. Serizitisierung ist allgemein, aber selten zonar angeordnet (Abb. 11). Die Serizitschuppen sind dabei parallel und senkrecht der 010 Fläche des Wirtes orientiert.

Zwillingsgesetze und Chemismus wurden in einem Arbeitsgang nach der Fünfachsenmethode von EMMONS ermittelt. 70 Messungen schlüsseln sich nach der Häufigkeit der Zwillingsgesetze wie in folgender Tabelle auf:

Besonders zu vermerken wäre, daß das Albit-Ala-Komplex-Gesetz gehäuft in einigen Schliffen auftritt, in anderen ganz zu fehlen scheint.

Zwillingsgesetz	Anzahl	Medianwerte An%	2V
Albit	39		
Periklin	4		
Karlsbad	3		
Albit-Karlsbad		(3)–5–(9)	85–105°
indirekt	6		
direkt	8		
Albit-Ala-B	10		

Myrmekitisierungserscheinungen sind im ganzen selten, wiewohl Plagioklas kräftig von Kalifeldspat korrodiert wird. Auch wo sie ausgeprägt sind, fehlen die für die echten Myrmekite bezeichnenden schmalen, gewundenen Kanäle. Der Myrmekitquarz hat unregelmäßige Tropfenform. Die Abtrennung von einer jüngeren, im Sinne Drescher-Kadens postmikroklinen Quarzgeneration ist schwierig. Um die Einschlußplagioklase hat sich ein klarer serizitfreier Hof gebildet mit gelegentlich zu beobachtender Auslöschungsumkehr.

2. Plagioklas als perthitische Albitkomponente. Es wurde darüber unter Kalifeldspat berichtet.

3. Plagioklas als Albitkornneusprossung auf Korngrenzen und als Kluftfüllung.

Diese jüngste Plagioklasgeneration tritt zusammen mit sekundären Quarzbildungen auf als wasserklarer, idiomorpher Zweiling oder wuchert pelzartig von Korngrenzen in Kalifeldspat ein. Die morphologische und chronologische Abtrennung dieser Albitinkrustationen gegenüber 2. ist unscharf.

Quarz

Größe, Form, Korrosionsmerkmale und Ort der Platznahme erlauben auch hier eine Unterteilung in alten und jungen Quarz.

1. Quarz der normalen Ausscheidungsfolge

Auffällig ist die Erscheinung, daß ein idiomorpher Kern von einer optisch verschieden orientierten, xenomorphen Hülle umgeben wird (Abb. 12). Insgesamt löscht Quarz stark undulös aus, so daß optische Felderung oder parallelstriemige Auslöschung häufig zu beob-

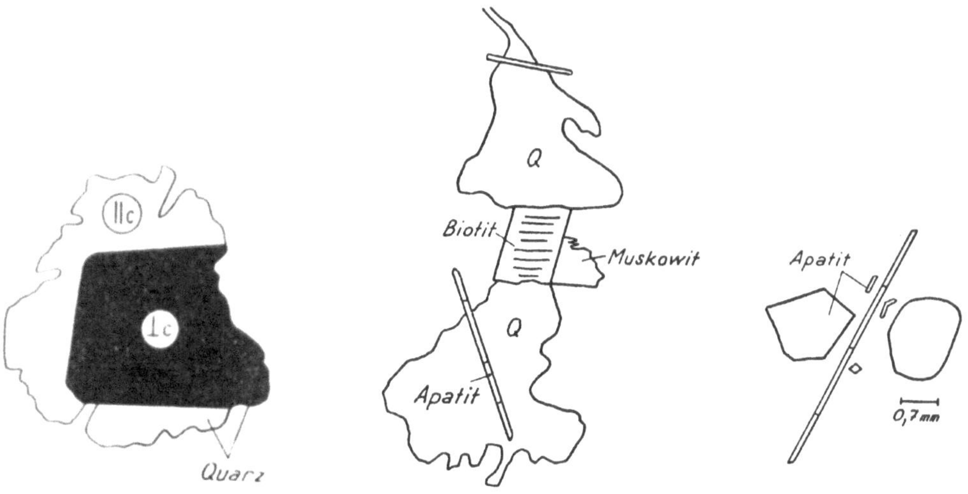

Abb. 12

achten sind. Die Porenzüge sind entweder regellos oder einscharig bzw. zweischarig parallel, dann ungefähr senkrecht aufeinander angeordnet. Häufig ist Apatit als Einschluß.

2. Junger Quarz im Verdrängungsgefüge

Entweder Reaktionsprodukt bei der Verdrängung von Plagioklas durch Kalifeldspat oder, häufiger, senkrecht und parallel 001 des Kalifeldspates in Schriftquarzformen eingewachsen und diesen korrodierend.

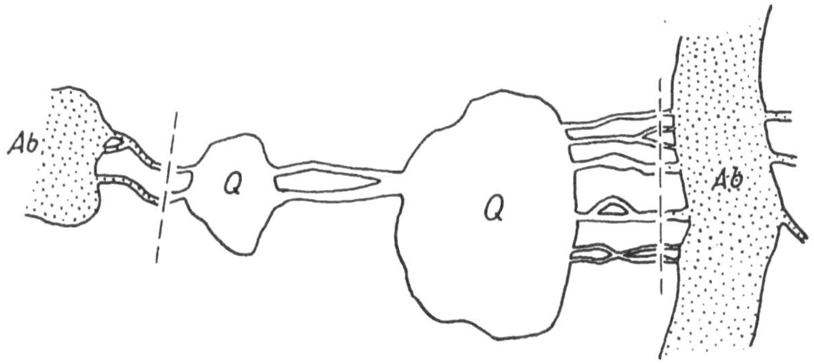

Abb. 13

Eigenartig ist das Verhalten der Kluftfülle. Benachbarte Quarzaltkörner werden brückenartig miteinander durch Quarzäderchen verbunden, wobei diese Kalifeldspat ungestört durchsetzen. Schiebt sich jedoch ein Plagioklasfeld dazwischen, wird dessen Orientierung angenommen, und die Kluftfüllung wird durch Albit ersetzt. Diese alternierende Füllung der Gänge bei optisch gleicher Orientierung des jeweils zugehörigen Großkorns läßt sich durch die Annahme erklären, daß im Gefolge, oder gleichlaufend mit einer postkristallinen Deformation, eine teilweise Mobilisation schon verfestigter Gemengteile eintrat.

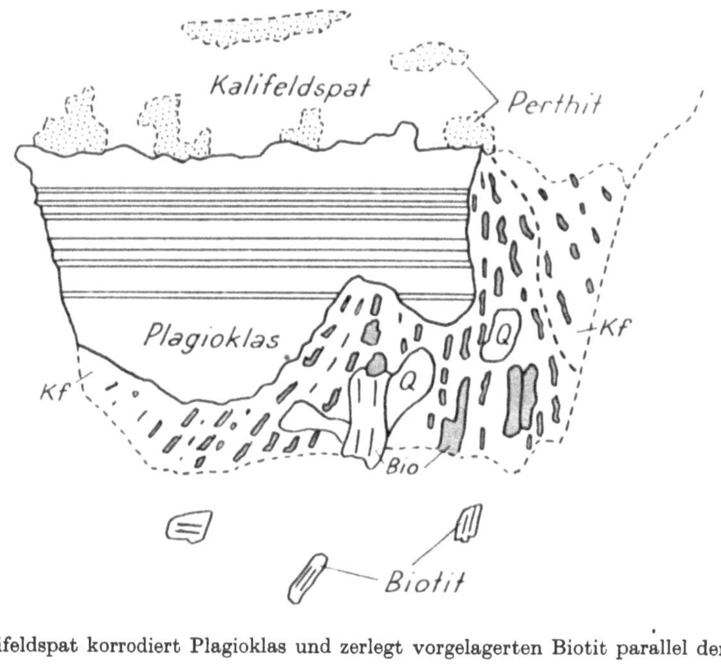

Abb. 14. Kalifeldspat korrodiert Plagioklas und zerlegt vorgelagerten Biotit parallel den Spaltrissen

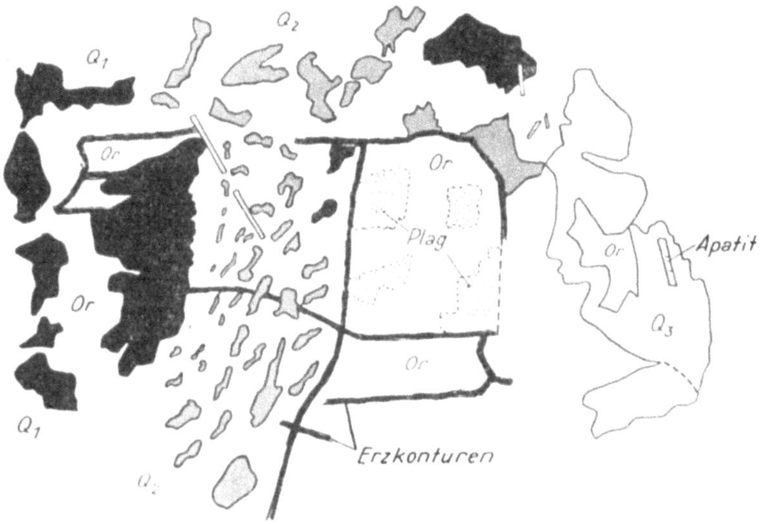

Abb. 15

Biotit, Muskovit, Apatit

Durch größere Frische, leuchtendere Polarisationsfarben und einen Achsenwinkel von 2V 20–56° unterscheidet sich Muskovit von Biotit, der stets zersetzt ist und reichlich ausgeschiedenes Eisenerz enthält. Für die Absorptionsformeln gilt: Z/Y = dunkelgrün, X = hellgrün. In den aplitischen Graniten tritt Biotit außerdem auf albitischem Untergrund in symplektitischen Verwachsungen mit Quarz auf. Die Art und Weise, wie ein gegen Plagioklas vordringender Kalifeldspat ein vorgelagertes Biotitfeld überwältigt, zeigt Abb. 14.

Der in Belegstück 42 besonders reichlich vorhandene Apatit mit seinen abnormalen Größenunterschieden läßt vermuten, daß seine Bildung zwei verschiedenen Temperaturbereichen angehört. Bezeichnenderweise sind die beiden in der Abb. 12 gezeigten Riesenkörner von blastisch gewachsenem Kalifeldspat umschlossen.

c) Gefüge

Die Grundform der auftretenden Gefügearten ist die normal hypidiomorph-körnige des Granits mit der charakteristischen Strukturbeziehung Feldspat gegen Quarz geradlinig begrenzt. Annähernd rein ist diese Ausbildung nur im pegmatitischen Granittypus (Belegstück 44, Abb. 9) verwirklicht. Im Falle des aplitischen Granits herrscht über größere Schliffbereiche eine mehr allotriomorph, äquidimensionale Ausbildung der Gemengteile, mit einsprenglingsartig darin verteilten größeren Feldspattafeln und Quarzaggregaten.

Abb. 16. Verdrängungsgefüge, pegmatitähnlicher Granit
Quarz = weiß und schwarz, Kalifeldspat = grau

Die normale Ausscheidungsfolge wird verwischt durch Restlösungsreaktionen. Die dabei auftretenden symplektitischen Verwachsungsformen zwischen Feldspat/Quarz und Quarz/Biotit sind bei der Besprechung der Einzelgemengteile erwähnt worden. Das seltene Beispiel einer extrem weit fortgeschrittenen Kalifeldspatmetasomatose, das im Typus 42 des pegmatitischen Granits vorliegt, soll noch beschrieben werden (Abb. 15 und 16).

Modal besteht das Gestein fast nur aus Orthoklas und Quarz. Plagioklas ist völlig oder bis auf geringe Reste abgebaut, die sich schemenhaft im Inneren des Endoblasten abzeichnen. Das gleiche gilt für Biotit, dessen letzte Reste in sporadisch verteilten Erzhäufchen zu suchen sind. Oft genug finden sich auch echte Pseudomorphosen von Orthoklas nach Primärgemengteilen, deren Umrisse von Erzkonturen umfahren werden (Abb. 15).

Der Abbau des Quarzes, der sich also resistenter zeigt, ist im vollen Gange. Charakteristisch sind die buchtig-lappigen Umrißlinien. Im fortgeschrittenerem Stadium kommt es bei bevorzugten Korrosionsrichtungen, senkrecht 001 des Feldspats, zu scheinbaren Abschnürungen durch Inselgirlanden (Abb. 16, Quarz in Dunkelstellung), bis schließlich, bei fortschreitender Zerlegung des Quarzgroßkorns, ein Haufwerk von Quarzknauern mit pseudoschriftgranitischen Zügen entsteht. Optische Orientierung, konstantes Streichen der Porenzüge in den pseudographisch struierten Partien, und das Herauspräparieren von Apatitnadeln, Kriterien also, die DRESCHER-KADEN als beweisend für höheres Alter des Quarzes gegen Feldspat anführt, lassen sich auch im vorliegenden Fall anwenden. Schwer deutbar werden die Verhältnisse dann, wenn verschieden alte Quarzkorngemeinschaften im selben Schliff auftreten. So kann man in Abb. 15 im Zweifel sein, ob die mittlere, halbdunkel gezeichnete Quarzkorngemeinschaft Q_2

a) Pseudoschriftquarze ($Q_2 = Q_1$, älter als Or)
b) Einverleibte Myrmekitquarze (Q_2 jünger als Q_1, älter als Or)
c) Echte Schriftquarze (Q_2 jünger als Q_1, jünger als Or sind[1]).

Untersuchungsergebnis

Der Granit ist kleinkörnig bis mittelkörnig. Er gehört in die Familie der Alaskite und hat pegmatisch-aplitischen Charakter. Verdrängungsvorgänge deuterischer Art, insbesondere eine Kalifeldspatmetasomatose, verändern weitgehend den ursprünglichen Mineralbestand und das Gefüge. Im Gefolge einer postkristallinen Deformation kommt es zu einer Albitisierung und Silifizierung von Rupturen aus, unter teilweiser Mobilisation schon verfestigter Gemengteile.

GRAPHOPHYRGRANIT

Mengenmäßig mit 40% im Geröllbestand vertreten, ist dieser Gesteinstyp die häufigste, dazu größte Komponente (35×20 cm Fragment) und charakterisiert das Konglomerat in seiner Gesamtheit als Graphophyrgranitkonglomerat.

A. Aufgliederung nach Strukturmerkmalen

Ganz allgemein sind diese Gesteine durch die beiden namengebenden Struktureigentümlichkeiten, graphische Quarz-Feldspatverflechtung und porphyrische Ausscheidungsfolge gekennzeichnet. Sie sind die Schriftgranite des Hypabyssikums. Mehr eine Sache des persönlichen Geschmacks als von grundsätzlicher Bedeutung ist die Frage, ob man diesen Gesteinen eine Mittelstellung zwischen Eugranit und Granitporphyr einräumen soll, oder sie zu den Granitporphyren gehörig betrachtet. Das feine Korn, das auffällige Hervortreten großer Feldspateinsprenglinge sowie die unscharfe Abgrenzung gegen die in ihrer Gesamtheit graphisch

[1]) Quarz kann in diesem Gefüge nur älter oder jünger als Orthoklas sein, niemals gleich alt.

struierte Porphyrserie, rechtfertigen jedoch hinreichend ihre Einordnung bei den Granitporphyren.

Eine Reihe Strukturmodifikationen, die bei der megskopischen Geröllintegration entweder wegen zu kleiner Anschnittfläche nicht in Erscheinung treten, oder überhaupt erst im Dünnschliff definierbar sind, lassen sich unterscheiden.

Von der eigentlich namengebenden Varietät, dem EIGENFELDschen Graphophyrgranit, trenne ich wegen der mineralogischen Verschiedenheit der Einsprenglinge und des feiner graphisch entwickelten Grundgewebes den Typus Granophyr ab, der dem granophyrischen Granitporphyr ROSENBUSCHS entspricht. Weiter werden anhangsweise zum Graphophyrgranit gestellt die den Übergang zum Granit vermittelnde Gruppe der Granitporphyre mit gemengt mikrogranitisch-mikrographischer Grundmasse und eine Schlieren führende Abart dieses Gesteins, die Granitporphyre mit divergentstrahlig angeordneten Grundmasseplagioklasen.

Eine mustergültige Beschreibung der einzelnen Bauelemente des Graphophyrgranits gibt EIGENFELD. Ich übernehme die EIGENFELDsche Nomenklatur, vereinfache oder ergänze aber, wo die andersartigen Verhältnisse in den von mir untersuchten Geröllen es notwendig machen.

Entsprechend der porphyrischen Natur des Graphophyrgranits läßt sich dieser aufteilen in

I. *Einsprenglinge*, das sind die echten Einsprenglinge der porphyrischen Frühgeneration, mit oder ohne Implikationssaum.

II. *Komplexkörner*, das sind die graphisch struierten Bauelemente der Grundmasse, mit oder ohne Zentralkristall als Strukturzentrum, und danach sowie nach der Form des Schriftquarzkornes unterschieden in

   a) Komplexkorntyp graphophyrisch
      α) Schriftquarzkorn polygonal
      β) Schriftquarzkorn spindelförmig (gefiedert)
   b) Komplexkorntyp granophyrisch
      α) mit Feldspatleisten als Strukturzentrum
      β) ohne sichtbares Strukturzentrum (rosettig).

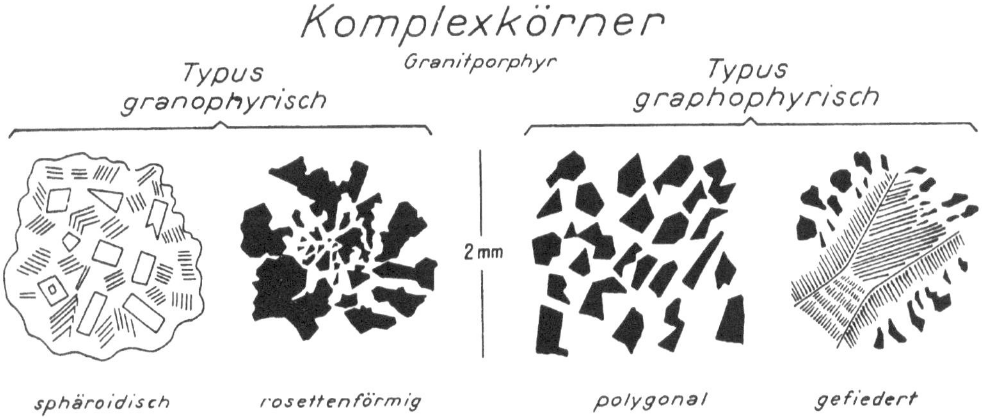

Abb. 17

Im ganzen läßt sich also der Sammelbegriff Graphophyrgranit in der folgenden Weise aufgliedern:

1. Mikrographisch grobstruierter Granitporphyr
(Graphophyrgranit i. e. S.)

I. Einsprenglinge
  a) Mineralogischer Charakter: Ohne Quarzeinsprenglinge
  b) Implikationssaum
    α) optisch gleichorientiert mit Feldspatkern
    β) optisch verschieden orientiert vom Feldspatkern
II. Komplexkorntyp graphophyrisch

2. Mikrographisch feinstruierter Granitporphyr
(Granophyr)

I. Einsprenglinge
  a) Mineralogischer Charakter:
    α) quarzporphyrisch
    β) quarzporphyritisch
  b) Implikationssaum: Fehlend oder lückenhaft
II. Komplexkorntyp granophyrisch

3. Granitporphyr mit gemengt mikrogranitisch-mikrographischer Grundmasse

I. Einsprenglinge
  a) Mineralogischer Charakter: Ohne Quarzeinsprenglinge
  b) Implikationssaum: Fehlend oder lückenhaft
II. Komplexkorntyp granophyrisch

4. Granitporphyr mit divergentstrahlig angeordneten Grundmasse-plagioklasen

Beschreibung unter Einzelbesprechung.

B. Einzelbesprechung der Graphophyrgranitglieder

1. Mikrographisch grobstruierter Granitporphyr
(Graphophyrgranit i. e. S. der Tabelle)

Handstückbeschreibung

Wesentliches äußeres Gefügemerkmal der Gerölle ist die buchtig genarbte Oberfläche auch kugeliger Körper, wesentliches inneres Gefügemerkmal, die vor allem im Längsbruch der Gerölle sichtbare Deformationsstruktur.

Die buchtig genarbte Oberfläche ist bedingt durch die Ungleichkörnigkeit. Bis 4 cm große Feldspateinsprenglinge liegen in der kleinkörnigen, sich bis ins Dichte verlierenden Grundmasse. Die Deformationsstruktur wiederum wird augenfällig erst an der kataklastischen Zertrümmerung dieser Feldspatgroßkristalle, ihrer Vergrünung und Ausschwänzung.

Zwei Farbmodifikationen dieser Einsprenglinge lassen sich unterscheiden:

a) Roter Feldspat, hämatitdurchädert, idiomorph
b) Grüner Feldspat, serizitdurchädert, xenomorph.

Auch zonare Umhüllung des grünen Feldspats durch den roten (häufiger) und des roten durch den grünen (seltener) ist zu beobachten. Ein weiteres wichtiges Unterscheidungsmerkmal dieser beiden Feldspatarten ist die gekröseartige Quarzdurchwucherung des Kernes der grünen Abart, der dann von einem ungestörten, tiefgrün gefärbten Rahmen eingefaßt wird. Die bei der megaskopischen Geröllintegration als mikropegmatitischer Feldspat ausgeschiedene Komponente, immerhin 1,5 % des Geröllbestandes ausmachend, entspricht diesen Feldspäten.

Eime rohe Paralleltextur wird diesen Gesteinen aufgeprägt durch die oft fahnenartig ausgewalzten Feldspatgroßkristalle parallel den Geröllängsachsen. Verstärkt wird dieses Bild eines paralleltexturierten Granitmylonites durch die zahlreichen Serizitäderchen, die, von den Grünfeldspäten ausgehend, die Grundmasse durchflechten.

Entsprechend dieser deformationsbedingten Vergrünung der Feldspäte, auch Vererzung ist gelegentlich zu beobachten, nimmt bei gehäuftem Auftreten dieser Feldspäte (auf 12 cm^2 Fläche wurden einmal 12 solcher Feldspäte je 0,5–1 cm gezählt) das sonst rote Gestein eine gelbgrüne Farbe an. Verwitterungsbedingt ist eine zonenweise Farbgebung von tiefrotem Kern, rotgelber Hülle und schmalem braunen Eisenhydroxydsaum.

Das Gestein ist selten frisch, dann von zähem massigen Bruch; meist zerspringt es längs brauneisengefüllten Haarrissen. Postkonglomeratische Klüfte, mit Quarz, Chlorit, Hämatit und Albit gefüllt, setzen in die Konglomeratgrundmasse fort.

Tabelle 4. Vol.-% Graphophyrgranit i. e. S. (integrierbar)

Belegstück Nr.	28	29	30	31
Dünnschliff Nr.	12.28.1/4	12.29.1/4	12.30.1/5	12.31.1/4
Indikatrixlänge mm	1377	1322	1317	1194
Feldspat	70,3	65,4	64,8	65,4
Orthoklas	41,5	46,4	41,8	41,0
Plagioklas	28,8	19,0	23,0	24,4
Quarz	22,8	25,0	25,8	25,0
Σ fels. Gemgt.	93,1	90,4	90,6	90,4
Mafite	6,9	9,6	9,5	9,8
Biotit	4,5	6,6	7,2	8,0
Erz	2,2	2,7	2,0	1,4
Akzessorien	0,2	0,3	0,3	0,4
Als Einsprenglinge	29,2	21,2	26,0	28,9
Or > Plg.	3,8	2,1	2,5	4,0
Orthoklasperth.				
Or < Plg.	8,0	2,5	2,4	1,6
Parkettfeldspat	1,9	1,2	2,6	1,6
Plagioklas	8,6	5,8	8,8	11,6
Quarz	—	—	0,2	0,3
Mafite	6,9	9,6	9,5	9,8
Als Grundmasse	70,8	78,8	74,0	71,1
graphophyrisch	70,8	78,8	72,2	71,1
felsitisch	—	—	1,8	—

Dünnschliffbeschreibung

a) Mineralbestand

Nur bei einem Teil der Graphophyrgranite sind die graphischen Strukturen so grob entwickelt, daß der absolute Mineralbestand ermittelt werden konnte (Graphophyrgr. integrierbar der Tabelle). Einen quantitativen Vergleich mit den feiner graphisch struierten Graphophyrgraniten (Graphophyrgr. nicht integrierbar, der Tabelle), ermöglicht die Angabe des Einsprenglings-Grundmasseverhältnisses in beiden Vertretern.

Im einzelnen ist zum Verständnis der Tabellen folgendes zu bemerken:

1. Bei der Absolutintegration ist eine saubere Abtrennung des primären Plagioklasgehaltes von sekundären Albiteinwanderungen unmöglich. Der Tabellenwert für Orthoklas stellt deshalb ein Minimum des ursprünglichen Gehaltes dar. Inwieweit dieser Or-Verlust durch die ebenfalls nachweisbare endoblastische Kalifeldspatisierung wettgemacht wird, läßt sich nicht abschätzen.

Tabelle 5. Vol.-% Graphophyrgranit i. e. S. (nicht integrierbar)

Belegstück Nr.	32	33	35	36	37
Dünnschliff Nr.	12. 32. 1/6	12. 33. 1/7	12. 35. 1/6	12. 36. 1/7	12. 37. 1/8
Indikatrixlänge mm	2221	2166	2160	2019	2884
Einsprenglinge	21,4	20,5	12,9	18,9	22,4
Orthoklasperthit Or > Plag	3,0	1,3	2,0	2,6	0,5
Orthoklasperthit Plag > Or	2,5	1,8	1,9	1,8	5,7
Parkettfeldspat	1,9	4,6	2,3	2,4	5,1
Plagioklas	6,5	6,5	2,6	5,2	5,4
Mafite Erz $\gg$ Biotit	7,1	5,6	4,0	6,7	5,7
Quarz	0,4	0,7	0,1	0,2	–
Grundmasse	78,6	79,5	87,1	81,1	77,6
graphisch	78,3	78,3	87,1	81,1	77,1
mikrogranitisch	0,3	1,2	–	–	–
felsitisch	–	–	–	–	0,5

Tabelle 6. Korngrößenverteilung Graphophyrgranit i. e. S. Belegstücke 28–37

mm	Reichweite	Medianwerte 25%	50%	75%	Maximalgröße
Einsprenglinge					
Parkettfeldspat	0,5 –20,0	1,5	2,8	8,8	25,0 × 45,0
Plagioklas	0,2 – 6,3	0,9	1,5	2,8	–
Perthit	0,2 – 6,3	0,5	0,9	1,5	2,6 × 5,9
Quarz	0,1 – 2,0	0,3	0,3	0,5	–
Biotit	0,06– 2,0	0,2	0,2	0,3	–
Komplexkörner	0,3 – 1,5	0,5	0,5	0,7	–
Einsprenglinge	Orthoklasperthit: 41		Parkettfeldspat: 9		Plagioklas 50

2. Auch die grobgraphisch struierten Graphophyrgranite sind partienweise für die Integration unauflösbar fein verwoben. Die entsprechenden Meßlängen, zwischen 10 und 20 Vol.-% betragend, wurden deshalb von der Gesamtindikatrix abgezogen und nicht mit in Rechnung

gestellt. Eine Verschiebung des Quarz-Feldspat-Verhältnisses dadurch ist bei der Länge der gewählten Meßstrecke ausgeschlossen. Spürbar hingegen wird das Einsprenglingsverhältnis, einschließlich der Mafite, davon beeinflußt. Rechnerisch ergibt sich, daß die Volumzahl für die Einsprenglinge um 3–5%, der Mafitengehalt um 1–2% zu hoch ausfällt. Unmittelbar veranschaulicht diese Verhältnisse ein Vergleich der Tabelle 4 mit Tabelle 5, bei der nur die Einsprenglinge ausgeschieden wurden, und die durchweg einen geringeren, wirklichkeitsgemäßeren Mafiten- und Einsprenglingsgehalt anzeigt.

3. Die systematische Stellung des Gesteins im System von JOHANNSEN ist etwas unsicher. Als besonders lästig empfindet man die scharfe Grenze, die dort zwischen der Ordnung 1 (An-Gehalt der Pagioklase < 10) und der Ordnung 2 (An-Gehalt > 10 einschließlich Albit 10) gezogen wird. Im vorliegenden Fall schwankt der Anorthitgehalt der Primärplagioklase zwischen 8 und 12%. Eine bestimmte Einstufung danach entweder in die Gruppe der Alkali- oder Kalkalkaligranitporphyre setzt eine gar nicht mögliche Meßgenauigkeit der U-Tischbestimmungsmethoden voraus. Der Vergleich der Modalverhältnisse zeigt etwa gleich gute Übereinstimmung in den beiden Ordnungen. Unter Berücksichtigung des alaskitischen Charakters des Geröllgranits wird man den Graphophyrgranit als Albitgranitporphyr bezeichnen müssen.

b) Ausbildung der Gemengteile

Kalifeldspat erscheint 1. als porphyrische Frühausscheidung, 2. als Bestandteil der graphischen Füllmasse und 3. als endoblastischer Plagioklasverdränger. Nach den optischen Daten handelt es sich bei allen drei Modifikationen um normalen Orthoklas.

— 2V	A. S. auf 010
(64)–68–(74)	4–6°

1. Idiomorphe, nach a-gestreckte und selten als Karlsbader verzwillingte Einsprenglinge oder xenomorphe, zu birnen- oder herzförmigen Formen abgeschmolzene Individuen. Die Quarz-Feldspatkorona beschneidet die idiomorphen Umrißlinien des Feldspats geradlinig oder greift mit tiefen Korrosionsschläuchen in das Feldspatinnere ein (Abb. 18). Eine gleichsinnige Orientierung der Korona mit dem Kernfeldspat beobachtet man nur um die stark abgeschmolzenen Exemplare. Im allgemeinen ist die Korona in Teilstrecken zerlegt, die in sich einheitlich aber verschieden von der Kernsubstanz auslöschen. Zonare Umhüllung, als Folge eines unterbrochenen Wachstums, ist eine häufige Erscheinung.

Abb. 18. Graphische Korrosionsschläuche im Orthoklasperthit

Die typische Strukturmodifikation des auftretenden Perthits ist der in kleinen „patches" verteilte Fleckenperthit. Vom Rande aus kommt es zur Schachbrettalbitisierung, die bis zur völligen Verdrängung des Kalifeldspats gehen kann. In Schnitten parallel 010

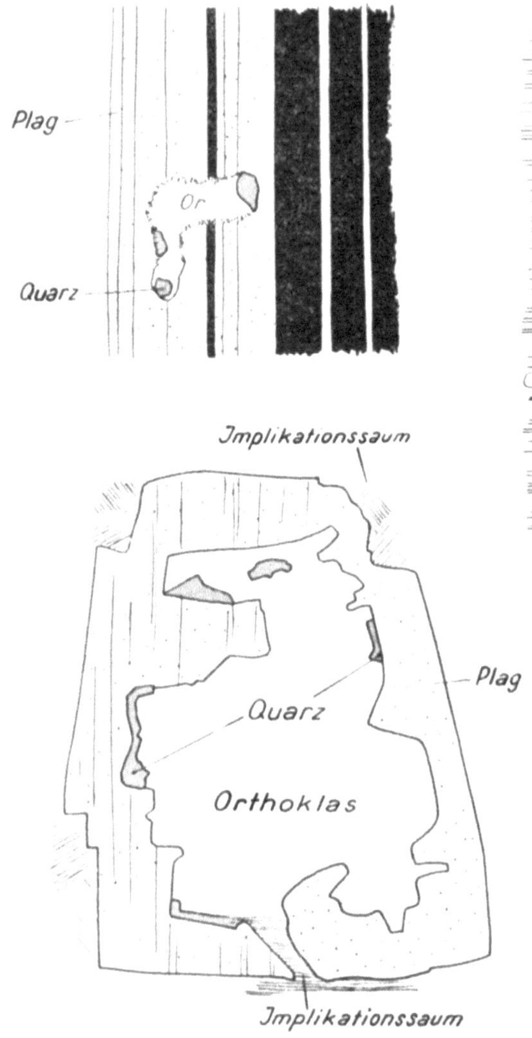

Abb. 19 u. 20

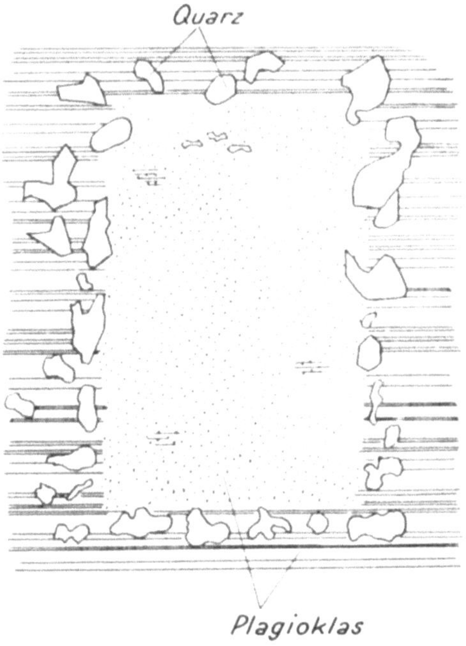

Abb. 21

schließen die Lamellenzüge dabei mit der Spaltbarkeit nach 001 einen Winkel von 60° ein, verlaufen also 100 parallel. Die Abgrenzung gegen die unter Plagioklas beschriebene parkettartige Aufteilung eines Feldspatfeldes ist unscharf, da auch die nach dem Albitgesetz verzwillingten Perthitalbite oft genug in Periklinrichtung aufeinanderstoßen. Orientiert eingelagerte Primärplagioklastäfelchen unterscheiden sich von den klaren Perthitalbiten durch stärkere Serizitisierung und Korrosionsmerkmale. Auf mechanische Beanspruchung zurückzuführen ist der Orthoklaszerfall in optisch verschieden orientierte Teilfelder und das Aufreißen von hämatit- und serizit-gefüllten Klüften vorwiegend nach 100.

2. Der Kalifeldspat der graphischen Grundmasse zeigt den rötlichbraunen Überzug normaler Orthoklase, so daß eine Verwechslung mit dem ganz andersartig verwitternden Albit der Grundmasse kaum möglich ist.

3. Wie bei den Graniten auch, tritt Kalifeldspat allenthalben als Plagioklasverdränger auf. Die Verdrängung vollzieht sich

a) Antiperthitisch vom Kern eines Plagioklaseinsprenglings aus unter Abscheidung eines Serizitsaumes (Abb. 19).
b) Myrmekitisch und in Begleitung von Schriftquarzformen unter Aufklärung des Plagioklasserizitbelages (Abb. 21).

Plagioklas, von Bedeutung nur als Einsprengling. Er tritt in zwei ganz verschiedenen Formen auf als

a) Normaleinsprengling: idiomorph 1–3 mm, homogen

b) Parkettfeldspat: xenomorph, 2–9 mm (bis 40 mm), inhomogen.

	2 V	An-%	Zwillingsgesetze
Normalplagioklas	(90)—97—(110)	8—12	Albit-Periklin-Karlsbad indirekt
Parkettfeldspat		0—10	Albit-Periklin

Bei der megaskopischen Beschreibung wurde die zweite Abart als vergrünter Feldspat bezeichnet, im Dünnschliff entsprechend an dem dicken Serizitpelz, von der Größe ganz abgesehen, sofort erkenntlich. Das Mittelfeld dieser Parkettfeldspate ist entweder in rechtwinklig aufeinanderstehende, scharf zwillingslamellierte Plagioklastafeln aufgeteilt, oder es wird, bei konstanter Streichrichtung der Albitlamellen, myrmekitartig unregelmäßig von Quarz durchflochten. Der Rahmen dieser Feldspäte bleibt dabei ungestört und ist meist unkenntlich dicht serizitisiert. Ein ständiger Begleiter des in Albit- und Periklinrichtung eindringenden Quarzes ist Orthoklas (dunkelgrau in Abb. 22, schwarz in Abb. 23). Im allgemeinen ist eine solche schachbrettartige Aufteilung eines Einsprenglingsfeldes ein untrügliches Zeichen für die sekundäre Natur des Plagioklases. Andererseits ist diese hier als Parkettfeldspat bezeichnete Abart[1]) durch alle Übergänge mit den normalen Einsprenglingsplagioklasen verknüpft, die dieselbe starke Serizitisierung aufweisen. Auch nur annähernd so starke Serizitierung ist bei den Orthoklasen niemals zu beobachten. Zwei Möglichkeiten zur Deutung bieten sich an:

1. Die Parkettfeldspäte sind als Erstlinge der porphyrischen Einsprenglingsgeneration zu betrachten, die infolge ihrer Größe einer späteren Deformation am stärksten ausgesetzt waren. Ihre

Abb. 22. Parkettfeldspat, Quarz weiß, Kalifeldspat grau

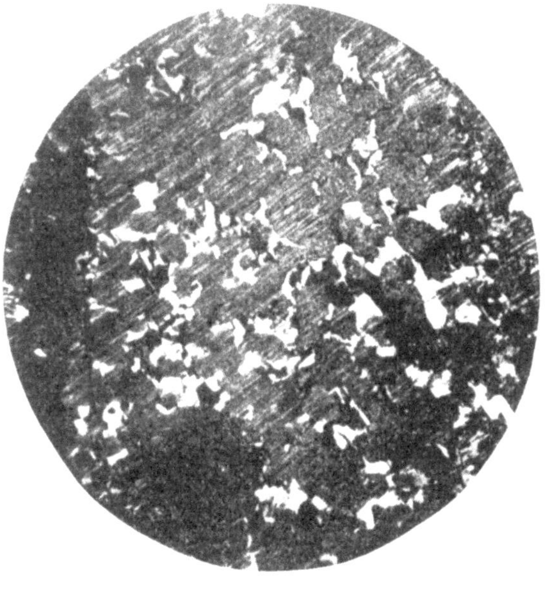

Abb. 23. Parkettfeldspat, Quarz weiß, Kalifeldspat schwarz

[1]) A. Schüller, 1938, prägte diesen Ausdruck, versteht aber darunter eine bestimmte Art deformierten Orthoklases.

Internstruktur ist als Relikt der kataklastischen Zertrümmerung mit begleitender Serizitisierung aufzufassen. Ursprünglich von vielleicht höherem An-Gehalt werden die Bruchstücke albitisiert, wobei eine primär vorhandene Periklinlamellierung die nur in Ausnahmefällen ideal ausgebildete Parkettstruktur begünstigte. Quarz und Orthoklas sind eindeutig jüngere Bildungen, die im engen Anschluß an die Deformation das eben verheilte Substrat erneut zerlegen.

2. Die Parkettfeldspäte sind unfertig erstarrte Skelettplagioklase, in deren Lücken, als Füllung, sich Grundmassesubstanz ausschied.

Die Abb. 22 scheint den zuerst geschilderten Verhältnissen besser gerecht zu werden, die Abb. 23 läßt Raum noch für die zweite Deutung. Da Quarz und Kalifeldspat jedoch auch hier korrodierend in das Feldspatsubstrat eingreifen, also eindeutig jünger sind als die Albitlamellen, deren Serizitbelag sie aufklären, sind sie im Sinne der unter 1. gegebenen Deutung als postdeform zugeführt zu betrachten.

Quarz

1. Echter Einsprenglingsquarz mit Korona fehlt bei den Graphophyrgraniten. Gelegentlich kommt es aber zur Ausscheidung einsprenglingsähnlicher Aggregate mit deutlicher Rekurrenz in der Ausscheidungsfolge. Abb. 24 zeigt den seltenen Fall eines Quarzdihexaeders mit stark entwickelter Prismenzone, das schalig von dem durch dicke Serizitspreu abgetrennten, xenomorphen Hüllquarz ummantelt wird (evtl. senkrecht im Schliff angeschnittene Kluftfüllung und Tiefquarz?).

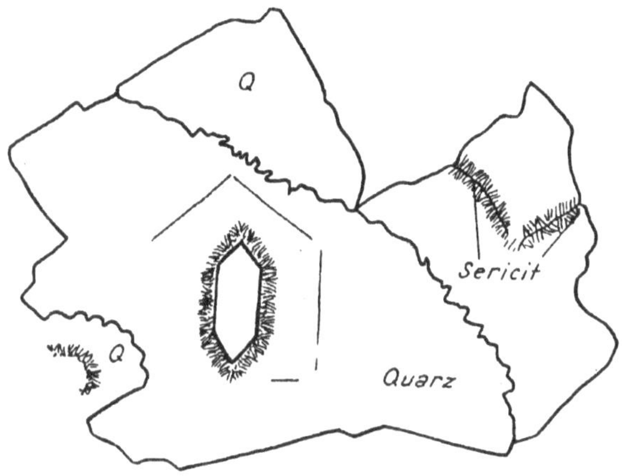

Abb. 24

2. Der Quarz des Grundgewebes tritt in den schon beschriebenen schriftgranitähnlichen Verwachsungen zusammen mit Orthoklas auf. Die stark undulöse Auslöschung der größeren Quarzaggregate fehlt den Schriftquarzkörnern ganz, oder sie ist wegen der Kleinheit des Korns nicht mehr deutlich wahrnehmbar. Es ist erstaunlich, wie unbehelligt von der starken Deformation selbst die zartest graphisch entwickelten Strukturen geblieben sind (vgl. dazu MEHNERT 1938, S. 230ff.).

Mafite

1. Biotit, langsträhnig ausgezogen oder in isolierten Plättchen, zeigt auch in kleinsten Schüppchen stets deutlichen Pleochroismus (olivgrün-hellgrün bis farblos oder bräunlichgelblich, dann mit pleochroitischen Höfen) und zeigt das Erz parallel den Spaltrissen ausgeschieden.

2. Eine grüne, stark zersetzte, nicht pleochroitische Substanz wird flächenhaft von Magnetit und Hämatit verdrängt. Die äußere Form dieser Erzpseudomorphosen ist gedrungen prismatisch, unvollkommen sechsseitig entwickelt. Die fragliche Substanz bildet unregelmäßig geformte Nester, die förmlich gespickt sind mit Apatitsäulchen und Zirkonkörnchen. Bis 20 Apatite werden in solchem Nest gezählt. Ein ständiger Begleiter dieser zersetzten Mafiten-

haufen ist Biotit, der, wenn isoliert angetroffen, nur selten Apatitnädelchen eingeschlossen hält.

3. Apatit und Zirkon. Apatit tritt in gedrungenen Säulchen von 0,06×0,03 mm auf, Zirkon (Xenotim z. T.?) in quadratischen oder rechteckigen Körnern von 0,06 × 0,06 bis 0,2 × 0,03 mm. Außerhalb der Mafitennester findet sich Apatit noch eingewachsen im Plagioklas mit der c-Achse parallel 010 des Wirtes.

2. Mikrographisch feinstruierter Granitporphyr

(Granophyr der Tabelle)

Handstückbeschreibung

Die nach den Einsprenglingsverhältnissen *quarzporphyritisch* genannte Modifikation ist die granitporphyrechteste unter den Graphophyrgesteinen. Es sind gut gerundete, max. 10×7 cm messende Gerölle von kristallinisch feinkörniger bis dichter Beschaffenheit. Aus der bräunlichroten, durch die reichlich vorhandenen Mafite schwarzgrün gepunkteten Grundmasse, heben sich kontrastreich bis 2 cm große, grünlichweiße Plagioklase vom Typus Parkettfeldspat ab. Orthoklas tritt zurück, Quarz ist nur im Dünnschliff als Einsprengling nachweisbar und da nur in wenigen Körnchen vorhanden.

Die nach ihrem Einsprenglingsverhältnis *quarzporphyrisch* genannte Modifikation führt als häufigsten Einsprengling stecknadelkopfgroße Milchquarze und ist praktisch mafitenfrei. Die Farbe ist infolgedessen mehr rot als braun, und der grüne Feldspat tritt zugunsten des roten zurück.

Dünnschliffbeschreibung

Die Unterschiede im mikroskopischen Bild gegenüber den Graphophyrgraniten im engeren Sinn bestehen in folgendem:

1. Die graphischen Bauelemente der Grundmasse gehören ausschließlich dem hier granophyrisch genannten Komplexkorntypus an. Darunter sind unregelmäßig rund begrenzte Körnchen zu verstehen, die in feingraphisch struierter Basis intersertal verstellte Orthoklasleisten enthalten (Zentralfeldspäte der Korngrößentabelle). Je nach der Größe des Komplexkorns schwankt ihre Anzahl. Selten sind es weniger als 5, nie wurden mehr als 30 Stück gezählt. Offenbar gehören diese idiomorphen, perthitischen Orthoklasleisten einer zweiten Generation der porphyrischen Ausscheidungsfolge an, um die herum, als nicht mehr individualisierte Letztausscheidung, die Restlösung graphisch erstarrte. In etwas veränderter Form kehren diese Gebilde bei den Intrusivporphyren mit pseudophärolitischer Grundmasse wieder.

Abb. 25. Grundmasse Graphophyr, Komplexkorn polygonal — spindelförmig

2. Im Gegensatz zu den Graphophyrgraniten führen die Granophyre echte Quarzeinsprenglinge von typisch quarzporphyrischem Habitus, kugelrund oder

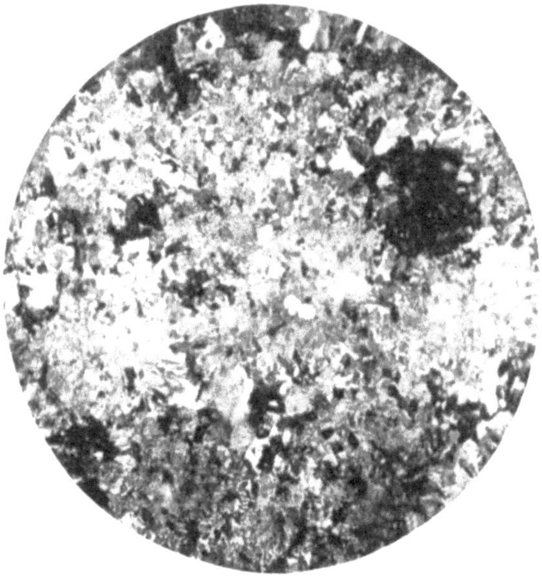

Abb. 26. Grundmasse Granophyr, Komplexkorn sphäroidisch — rosettig

quadratisch mit abgerundeten Ecken. Besser als durch die Volumzahlen der Integrationstabelle wird dieser Unterschied durch die Häufigkeitszahlen in den Korngrößentabellen ausgedrückt. Für porphyrische Gesteine mit verschieden großen Einsprenglingen sind diese Zahlen unentbehrliche Kontrollangaben, kann doch ein einziger Großkristall die Volumzahl so stark zu seinen Gunsten beeinflussen, daß eine Vormachtstellung dieses Einsprenglings unter Umständen nur vorgetäuscht wird.

Je nach der Menge nun des ausgeschiedenen Quarzes im Vergleich zu den Plagioklaseinsprenglingen und Mafiten lassen sich unterscheiden eine

a) quarzporphyritische Einsprenglingsgemeinschaft

(Plag. + Mafite) > (Orthoklas + Quarz)

b) quarzporphyrische Einsprenglingsgemeinschaft

(Quarz + Orthoklas) > (Plag. + Mafite),

eine Zweiteilung, die von nun an in jeder Strukturgruppe der Porphyre bis hinauf zu den Effusivporphyren wiederkehrt. Die Plagioklase der porphyritischen Geröllgemeinschaft weisen den für Porphyrite sensu stricto erforderlichen Andesin-Chemismus erst in den oberflächennäheren Gliedern auf. Für die hier besprochene Gruppe des Granophyrs ergab sich für die saure Ausbildung ein An-Gehalt immer < 10, für die porphyritische Ausbildung maximal 18%. Häufiger als in den Graniten tritt hier das Periklin-Gesetz auf. An einem Zwillingsstock wurden zusammen beobachtet Albit-Periklin-Karlsbad-Ala A. Ebenfalls auf die letztere Ausbildung beschränkt ist die kumulophyrische Zusammenballung mehrerer Individuen unter meist gemischter Beteiligung von Orthoklas- und Plagioklaseinsprenglingen.

3. Was schließlich die Doppelung in der Namengebung anbelangt, der Gebrauch also der Synonyma Granophyr und Graphophyr, so ist zu sagen, daß der Terminus Granophyr auch Effusivporphyre einschließt, deren spezifisches Merkmal eben die im Sinne von ROSENBUSCH granophyrisch texturierte Grundmasse ist. An dem vorliegenden Material läßt sich zeigen, daß der von mir granophyrisch genannte Komplexkorntyp unmittelbar aus solchen feinstgraphisch struierten Grundmassekügelchen der Effusiva abzuleiten ist. Das Komplexkorn des Granophyrs ist also als intermediäres Stadium zwischen der granophyrischen Grundmasse der Effusivporphyre einerseits und dem vollgraphisch entwickelten Komplexkorn der Graphophyrgranite andererseits aufzufassen. Die Bezeichnung Granophyr wird diesen Verhältnissen ganz gut gerecht, indem sie schon äußerlich die engere Verbindung dieses Graphophyrgranittyps zu den Effusiva ausdrückt (vgl. hierzu Abb. 30 S. 44).

Tabelle 7. Vol.-% Granophyr

	quarz-porphyrisch	quarz-porphyritisch	
Belegstück Nr.	21	20	19
Dünnschliff Nr.	9. 21. 1/4	8. 20. 1/6	8. 19. 1/6
Indikatrix mm	1796	2280	2204
Als Einsprenglinge	13,7	19,4	19,0
Perthit Or > Plag	3,2	4,0	2,4
Perthit Or < Plag	2,8	2,1	1,6
Parkettfeldspat	–	0,6	2,9
Plagioklas	2,0	6,1	6,5
Quarz	3,1	2,7	0,6
Mafite	2,6	3,9	5,0
Als Grundmasse	86,3	80,6	81,0
granophyrisch	77,0	65,6	73,0
mikrogranitisch	9,3	15,0	8,0

Tabelle 8. Korngrößenverteilung Granophyr.
Belegstück 21 quarzporphyrisch

mm	Orthoklasper.	Plagioklas	Quarz	Komplex-körner	Zentral-feldspäte
Reichweite	0,1–3,6	0,2–2,0	0,06–2,0	0,2–2,0	0,02–0,2
Medianwert 25%	0,6	0,4	0,2	0,4	0,03
Medianwert 50%	1,1	0,6	0,3	0,5	0,04
Medianwert 75%	1,8	1,1	0,5	0,6	0,06
Maximalgrößen	1,0 × 4,6	1,0 × 1,4	–	–	0,04 × 1,1
Einsprenglinge cm² (ohne Mafite) megaskopisch	2				
Einsprenglinge cm² (ohne Mafite) mikroskopisch	16				
Einsprenglinge (Or : Plag : Q)	26 :	15 :	59	–	–

Belegstück 20, 19 quarzporphyritisch

mm	Orthoklasper.	Plagioklas	Quarz	Komplex-körner	Zentral-feldspäte
Reichweite	0,1–6,3	0,2–11,3	0,06–1,1	0,2–1,1	0,02–0,1
Medianwert 25%	0,4	1,1	0,1	0,4	0,02
Medianwert 50%	0,6	1,6	0,2	0,5	0,03
Medianwert 75%	1,1	2,8	0,3	0,6	0,05
Maximalgröße	5,0 × 10,0	7,0 × 20,0	–	–	0,08 × 0,2
Einsprenglinge cm² (mit Mafiten) megaskopisch	6				
Einsprenglinge cm² (mit Mafiten) mikroskopisch	21				
Einsprenglinge (Or : Plag : Q : Maf)	18 :	24 :	4 :	54	

3. Granitporphyr mit gemengt mikrogranitisch-mikrographischer Grundmasse

Handstückbeschreibung

Megaskopisch sind die Gesteine vom Haupttyp des Graphophyrgranits (Graphophyrgranit i. e. S.) nicht zu unterscheiden, im besonderen besteht kein qualitativer Unterschied nach Habitus, Größe und Art der Einsprenglinge. Quarz fehlt auch hier als Einsprengling. Je nach Biotit- und Erzanteil ist der herrschende Farbeindruck hellrot oder fleischrot.

Tabelle 9. Vol.-% Granitporphyr mit mikrogranitisch-mikrographischer Grundmasse

Belegstück Nr.	22 (Erz ≫ Biotit)	23 (Biotit > Erz)
Dünnschliff Nr.	10. 22. 1 (Großschliff)	10. 23. 1/4
Indikatrixlänge mm	1147	1153
Feldspat	75,5	65,7
Orthoklas	62,5	46,7
Plagioklas	13,0	19,0
Quarz	21,2	28,0
Σ fels. Gemgt.	96,7	93,7
Mafite	3,3	6,9
Erz (± Biotit)	3,0	6,7
Akzessorien	0,3	0,2
Als Einsprenglinge	15,9	17,0
Orthoklasperthit	3,4	5,9
Parkettfeldspat	8,3	
Plagioklas	0,9	4,2
Quarz	—	—
Mafite	3,3	6,9
Als Grundmasse		
mikrogranitisch	66,0	83,0
graphophyrisch	34,0	17,0

Tabelle 10. Korngrößenverteilung Granitporphyr, mit mikrogranitisch-mikrographischer Grundmasse Belegstücke 22—23

mm	Reichweite	Medianwerte 25%	50%	75%	Maximalgröße	Einsprengl. cm² megask.	mikrosk.
Einsprenglinge						1	4
Parkettfeldspat	0,3 –6,3	0,8	1,1	2,0	10,0 × 12,0		
Plagioklas	0,3 –6,3	0,5	0,9	1,1	3,1 × 3,7		
Perthit	0,2 –6,3	0,5	0,6	1,1	—		
Biotit	0,06–2,0	0,08	0,1	0,2	—		
Komplexkörner	0,2 –1,1	0,3	0,3	0,4	—		
Grundmasse							
Feldspat	0,06–0,6	0,1	0,2	0,2	—		
Quarz	0,06–0,6	0,08	0,1	0,2	—		
Einsprenglinge	Orthoklasperthit : Parkettfeldspat : Plagioklas 41 : 22 : 37						

Dünnschliffbeschreibung

Die Grundmasse ist holokristallin mikrogranitisch mit untergeordneten Anteilen graphischer Strukturen. Der Komplexkorntyp ist granophyrisch. Der Übergang granophyrischmikrogranitisch vollzieht sich durch die Vergrößerung der granophyrischen Zentralfeldspäte in einer granitporphyrisch-serial zu den Großeinsprenglingen vermittelnden Zwischengröße (vgl. dazu Abb. 30).

4. Graphophyrgranit mit divergentstrahlig angeordneten Grundmasseplagioklasen

Diese interessante Abwandlung normal graphophyrischer Grundmassestruktur erwähnt zuerst Eigenfeld, neuerdings Schröder. Nach Eigenfeld ist diese Ausbildung auf schlierenartige Zusammenballungen in der gemengt mikrogranitisch-graphyphyrischen Grundmasse beschränkt. Nach Schröder ist diese Ausbildung gesteinsbildend und charakteristisch für die Randfazies der Hirschberger Graphophyrgranite. Vermittelnd fügt sich jenen Untersuchungsergebnissen der eigene Befund ein, wonach die divergentstrahlige Fazies einmal als schlierige, unscharf gegen die Grundmasse absetzende Konkretion (4 × 3 cm) im grobgraphisch entwickelten Graphophyrgranit, zum anderen als diskretes Geröll auftritt (6 × 4 cm Fragment, knapp 1 % des Geröllbestandes).

In der Ausbildung und der Mineralvergesellschaftung dieser Grundmasseplagioklase bestehen allerdings Unterschiede. In der Eigenfeldschen Beschreibung liegen die Plagioklasleisten in einer Quarzbasis, bei Schröder setzt sich die Intersertalbasis hauptsächlich aus mafischen Gemengteilen, Hornblende und Chlorit, untergeordnet auch Quarz zusammen. Kalifeldspat scheint zu fehlen. Die Plagioklasleisten sind in beiden Fällen relativ frisch, die Zwillingslamellierung also noch deutlich zu sehen.

Handstückbeschreibung

Das Gestein ist homogen und von dunkelgrauer Farbe. Schon mit bloßem Auge sichtbar, liegen auf feinkörnigem, erzgesprenkelten Untergrund sperrig angeordnete, trübe, bis 2 mm lange Plagioklasleisten. Ballen sich diese Leisten zusammen, entstehen halbidiomorphe Körperchen vom Aussehen der oben beschriebenen Grünfeldspäte; verkümmern sie, so tritt im fließenden Übergang das rötliche Grundgewebe stärker hervor. Einsprenglinge sind selten (auf 20 cm^2 höchstens 1 Feldspateinsprengling, bis 7 mm) zu beobachten.

Dünnschliffbeschreibung

Für das mikroskopische Bild könnte in der Tat keine bessere Bezeichnung als die einer Grundmasse mit divergentstrahlig angeordneten Plagioklasleisten erdacht werden. Langleistenförmige, scharf begrenzte oder randlich ausgefranste Plagioklase sind in meist lockerer Verteilung und sperrig angeordnet in einer gemengt mikrographisch-mikrogranitischen Grundmasse, von derselben Beschaffenheit wie die des Mischtyps 3, eingelagert. Die Basis der Grundmasse, die intersertal die Leistenzwickel ausfüllt, ist also Kalifeldspat und Quarz. Untergeordnet, aber sehr gleichmäßig verteilt, tritt dazu kurzschuppiger, weitgehend zu Hämatit umgesetzter Biotit. Die Plagioklasleisten sind stark serizitisiert, so daß ihr Chemismus nicht mehr ermittelt werden kann.

Es war schon bei der Handstückbeschreibung erwähnt worden, daß sich gelegentlich halbidiomorphe Zusammenballungen der Feldspatleisten beobachten lassen. Im Schliff entpuppen sich solche Bildungen tatsächlich als skelettartige, nur halbseitig idiomorph begrenzte Plagioklase vom Habitus der Grünfeldspäte.

Die Bildung solcher Strukturen ist offensichtlich auf die plötzliche Bereitstellung einer Vielzahl von Keimpunkten infolge beschleunigter Endkristallisation zurückzuführen, die einsetzte, noch ehe das porphyrische Stadium der Plagioklasausscheidung beendet war. Der sonst in wenigen und großen Phenokristen konzentrierte Plagikolasgehalt verteilt sich dadurch gleichmäßig im Grundgewebe. Die Umkehr des Plagioklas-Kalifeldspat-Verhältnisses in der divergentstrahligen Fazies mit Plag. absolut > Kalifeldspat abs. gegenüber dem Graphophyr spricht durchaus nicht gegen diese Annahme, berücksichtigt man den „Seltenheitswert" eines mehrere cm großen Phenokristen beim Integrieren und stellt sich sein Volumen divergentstrahlig aufgelöst vor. Im übrigen entspricht auch der Plagioklasanteil unter den Einsprenglingen des Graphophyrgranits, wenn auf hundert umgerechnet, etwa dem Plagioklasbetrag der „divergenten" Fazies. Vielleicht spiegelt das Einsprenglingsverhältnis mit durchweg Plag. > Or. doch richtiger den Chemismus des Gesteins wider, als die Absolutintegration, die ja Großeinsprenglinge gerade mit Fleiß umgeht.

Trotz der soeben beschriebenen mineralogischen Abweichungen im einzelnen von der „vogtländischen" Ausbildung, ist es doch sehr wahrscheinlich, daß alle diese Granitporphyre mit divergentstrahligen Grundmasseplagioklasen genetisch eng zusammen gehören und unter den gleichen Bildungsbedingungen entstanden sind. Der von SCHRÖDER gegebenen Deutung als einer magmatischen Randfazies des Graphophyrgranits ist in diesem Sinne nur zuzustimmen.

Tabelle 11. Vol.-% Granitporphyr mit divergentstrahlig angenordneten Grundmasseplagioklasen
Belegstück Nr. 24–27, Dünnschliff Nr. 11. 24. 1/ff–11. 27. 2

	Plagioklasleisten	Grundmasse		Mafite	Komplex-körner nicht integrierbar
		Feldspat	Quarz		
Indikatrix 1177 mm	45,0	20,0	16,0	10,7	8,3
Korngröße mm Reichweite	0,09 × 0,1–0,2 × 0,4	0,03–0,3	0,02–0,3	0,02–0,6	0,02–0,6
Korngröße mm Medianwert	0,06 × 0,3	0,09	0,10	0,20	0,1

C. Besondere Gefügemerkmale der Graphophyrgesteine

Der eingangs gemachte Versuch, wenigstens schematisch der Vielfalt der graphischen Quarzfeldspatverwachsungsformen Herr zu werden, kann nicht Selbstzweck sein. Wurde in früheren Arbeiten, unter dem Eindruck der FERSMANNschen Untersuchungen das Phänomen der schriftgranitischen Verwachsungen vorwiegend unter dem Blickwinkel einer gleichzeitig erfolgten Erstarrung, eutektisch oder nichteutektisch, diskutiert, so wird heute, nach dem Erscheinen der DRESCHER-KADENschen Arbeit besonders darauf zu achten sein, ob und inwieweit eindeutige Verdrängungsstrukturen mit der einen oder anderen Schriftquarzform verknüpft sind bzw. ob aus den Schriftquarzformen auf eine bestimmte Richtungsabhängigkeit ihres Wachstums geschlossen werden kann.

DRESCHER-KADEN hält den Schriftquarz, auch den der Graphophyre, für später zugeführt und jünger als Kalifeldspat. Das vorliegende Material verdiente diesbezüglich eine ausführlichere Durcharbeitung als das im Rahmen dieser Arbeit geschehen ist. Ich beschränke mich auf die Beschreibung einiger Beispiele, die zeigen sollen, daß zumindestens ein Teil der Schriftquarzformen als metasomatisch bedingte Verdrängungsstrukturen aufzufassen sind.

1. Die Abb. 27 zeigt das häufige Bild von Orthoklaseinsprenglingen mit tiefen Korrosionsschläuchen. Im oberen Teil der Abbildung modelliert ein solcher Schlauch einen Plagioklaskern heraus, im unteren Teil wird der die eingeschlossenen Primärplagiosklase korrodierende Orthoklas seinerseits von der graphischen Grundmasse korrodiert. In beiden Fällen ist die schwarz gezeichnete Quarzhülle optisch gleich orientiert mit den Schriftquarzstengeln. Zu beweisen vermögen diese Bilder noch nichts, da ja dem porphyrischen Einsprengling gegenüber der Quarz in jedem Falle jünger ist und die korrodierende Lösung einfach graphisch erstarrt sein kann.

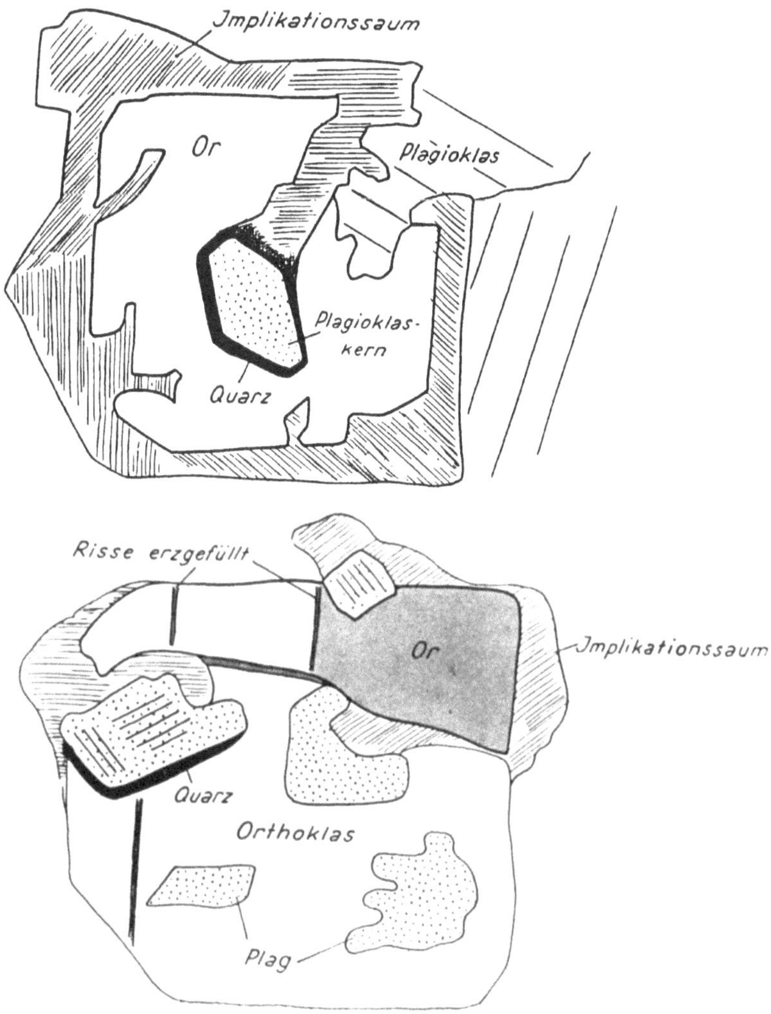

Abb. 27.

2. In Abb. 28 ist eine deutliche Richtungsabhängigkeit in der Platznahme des Schriftquarzes zu erkennen. Der untere Teil, ein Schnitt aus der Prismenzone des Orthoklases, zeigt die bevorzugte Ausbreitung der Schriftquarzkörner nach 001 und 010 des Kalifeldspates. Im oberen Teil siedelt sich der wieder mit den Quarzstengeln der Korona gleich orientierte Fugenquarz auf der Grenzfläche Plagioklas/Kalifeldspat an, bzw. zerlegt er den Orthoklas in optisch gleich orientierte Teilstücke.

3. Auch in Abb. 20, S. 32 benutzt der Quarz zu seiner Ausbreitung die Grenzfläche Kalifeldspat/Plagioklas und ist optisch gleich orientiert mit dem Quarz des unteren Implikationsschlauches. Er ist hier deutlich jünger als der antiperthitisch den Plagioklas verdrängende Kalifeldspat.

4. Die Strukturen schließlich der Abb. 29 lassen sich weder durch die Annahme einer gleichzeitigen Erstarrung von Kalifeldspat und Quarz erklären, noch durch „jüngere Quarzkorn-

bildungen auf Grenzflächen und Rupturen“. Auch eine ursprünglich skelettförmige Anlage des Plagioklases mit späterer Lückenfüllung durch Kalifeldspat und Quarz erscheint ausgeschlossen. Kalifeldspat verdrängt hier Plagioklas. Der Quarz ist auf jeden Fall jünger als Plagioklas. Will man nicht annehmen, daß er auch jünger als der Kalifeldspat ist, muß man ihn für Myrmekitquarz halten, wogegen wieder die typisch schriftgranitisch geradlinige Begrenzung seiner Konturen spricht.

Etwas Verbindliches zur Frage der Genese der Schriftquarzbildung insgesammt, ob als Erstarrungsstrukturen oder Verdrängungsgefüge aufzufassen, läßt sich mit diesen Beispielen noch nicht sagen. Sie beweisen aber, daß zumindest in der Formgebung Konvergenzen zwischen den Schriftquarzen eines für echt gehaltenen Erstarrungsgefüges und denen eines Verdrängungsgefüges bestehen.

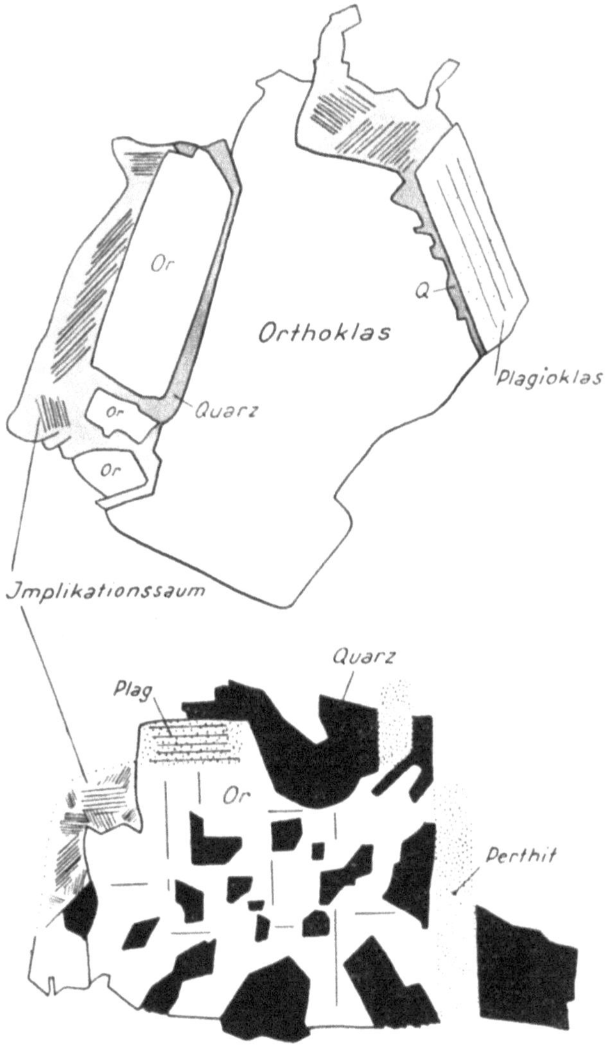

Abb. 28

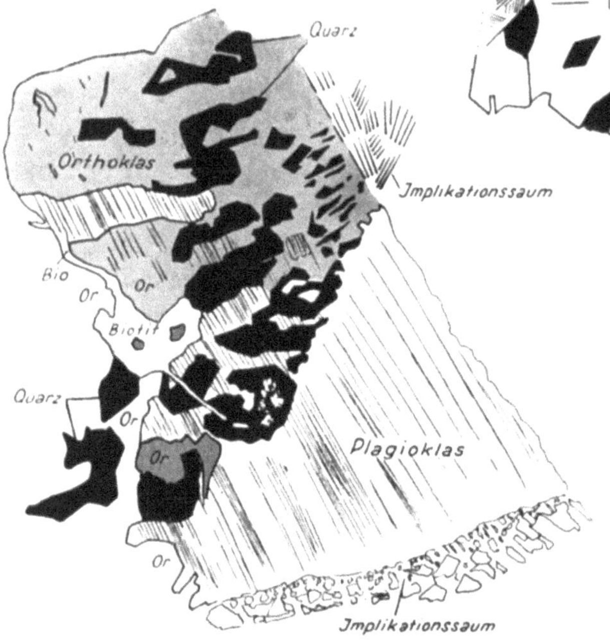

Abb. 29

RHYOLITH

Die unter dem Namen Rhyolith vereinigten Porphyre bilden in sich, bei äußerlich wenig verschiedenem Aussehen, eine mineralogisch und strukturell ähnlich eng zusammengehörige Geröllfamilie wie die Granitporphyre. Megaskopisch sind es dichte bis feinkörnige Gesteine, die je nach der Häufigkeit der im ganzen spärlichen Einsprenglinge bald mehr felsitporphyrisches, bald mehr quarzporphyrisches, aber auch aplitisches Aussehen haben. Mit rund 30% Konglomeratvolumen sind sie nächst den Graphophyrgraniten die zweithäufigste Geröllkomponente und wie diese reichen sie größenordnungsmäßig bis in die Blockfraktion > 20 cm) hinauf.

Das unterscheidende Merkmal den Granitporphyren gegenüber ist das porphyrisch-hiatale Absetzen der Einsprenglinge von der Grundmasse; ihr besonderes mit den Granitporphyren gemeinsames Strukturmerkmal ist das graphisch geordnete Erstarrungsgefüge der Grundmasse, welches sich, hier buchstäblich, auf höherer Ebene wiederholt. Ein stofflicher Unterschied zwischen beiden besteht nicht. Der Schluß ist bindend, die Porphyre als Oberflächenfazies des Graphophyrgranitmagmas anzusehen. Geologisch von noch größerer Bedeutung ist der Umstand, daß ein Teil der Rhyolithe einerseits auf das denkbar Vollkommenste mit den anstehenden Quarzkeratophyren von Lastau übereinstimmt, andererseits dieser sog. Geröllquarzkeratophyr selbst wieder unabtrennbares Glied der nachweisbar nur porphyrisch abgewandelten Oberflächenfazies des Graphophyrgranits ist. Da erst noch der Beweis dafür zu erbringen ist, daß

a) der Lastauer Quarzkeratophyr sich als Aufarbeitungsprodukt unter den Konglomeratkomponenten findet und
b) seine strukturelle und mineralogische Übereinstimmung mit der prävaristischen Porphyrserie keine zufällige Konvergenzerscheinung der bei Effusivgesteinen ganz allgemein möglichen Ausbildungsformen ist,

wird vorerst auf diese Beziehungen keine Rücksicht genommen und der Geröllquarzkeratophyr als superfizielles Endglied einer sich kontinuierlich vom hypabyassisch zum vulkanischen abwandelnden Erstarrungsfolge betrachtet werden.

A. Aufgliederung nach Strukturmerkmalen

Mikroskopisch läßt sich die Geröllgemeinschaft Rhyolith in eine Anzahl gut unterscheidbarer Strukturvarianten aufgliedern, die von kryptokristallin-felsitischer bis holokristallin-mikrogranitischer Ausbildung der Grundmasse reichen. Dementsprechend ist eine erste Teilung möglich, die Abtrennung nämlich der Effusivporphyre mit felsitischer und granophyrischer Grundmasse von den an die Granitporphyre anschließenden Intrusivporphyren mit mikrogranitisch-mikrographischer Ausbildung der Grundmasse. Zwischen beiden Gruppen vermittelt die etwas willkürlich noch zu den Intrusiva gestellten Porphyre mit pseudosphärolithischer Grundmasse.

Der mineralogische Charakter der Einsprenglinge liefert das zweite Gliederungsprinzip. Je nach der Kombination mit der die drei Einsprenglingsarten Quarz, Kalifeldspat und Plagioklas zusammentreten, haben die Gerölle innerhalb jeder Strukturgruppe wieder mehr quarzporphyrischen, quarzporphyritischen oder orthophyrischen Charakter.

Nach diesem Prinzip aufgeschlüsselt gliedert sich der Gerölltypus Rhyolith wie folgt:

1. Effusivporphyre mit glasiger Grundmasse
2. Effusivporphyre mit felstitischer Grundmasse
3. Effusivporphyre mit granophyrischer Grundmasse
   a) quarzporphyrisch Or > Plag. < Qu

b) quarzporphyritisch Or $<$ Plag. $>$ Qu

4. Intrusivporphyre mit pseudosphärolitischer Grundmasse

a) quarzporphyrisch Or $>$ Plag. $<$ Qu

b) orthophyrisch Or – –

5. Intrusivporphyre mit mikrogranitisch-mikrograph. Grundmasse

a) quarzporphyrisch Or $>$ Plag. $>$ Qu

b) quarzporphyritisch Or $<$ Plag. –

Die graphischen Strukturen der Grundmasse gehen unter stetiger Verkleinerung der Quarz- und Feldspatkomponente aus den Komplexgroßkörnern der Granitporphyre hervor. Morphologisch kehrt dabei vor allem der *grano*phyrische Komplexkorntyp (Schriftquarzkorn sphäroidisch und rosettenförmig), in dem graphisch differenzierten Grundmassekügelchen der Intrusiva- und Effusivporphyre wieder. Der *grapho*phyrische Komplexkorntyp (Schriftquarzkorn polygonal) taucht nur noch einmal bei den sauren Intrusiva auf als Bindeglied zwischen vollmikrographisch- und vollmikrogranitisch entwickelter Grundmasse.

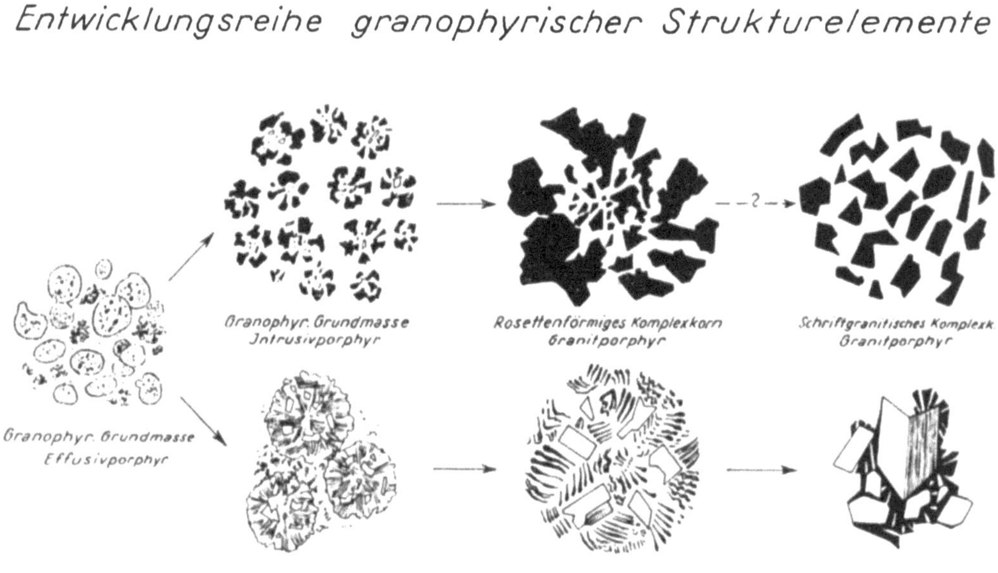

Abb. 30

Die Abb. 30 zeigt die vollständige Entwicklungsreihe des granophyrischen Bauelements, von den feinstgraphisch entwickelten Granosphäriten der Effusivporphyre, über die schon deutlich rosettenartig aggregierten Quarzblümchen der Grundmasse der Intrusivporphyre, bis zum mikrogranitisch aufgelösten Komplexkorn der Granitporphyre.

Die sauren Intrusiva mit gemengt mikrogranitisch-mikrographischer Grundmasse entwickeln aus sich selbst heraus den Übergang zum Mikrogranit. An Stelle der rundlichen Konturen der Quarzrosetten treten hier sternförmig gezackte Quarzelemente auf, die dann reihenweise oder in Grüppchen in optisch verschieden orientierte Teilfelder zerfallen (Abb. 32).

B. Einzelbesprechung der Rhyolithglieder

1. Intrusivporphyr mit gemengt mikrogranitisch-mikrographischer Grundmasse

Handstück

Die sauren Vertreter sind auf frischer Bruchfläche feinkörnig, im Anschliff zuckerkörnig aussehende Gesteine von gelblich bis bräunlichroter Farbe. Die Einsprenglinge, tropfenförmig ausgeschiedener Quarz, idiomorphe bis 4 mm große Feldspattafeln und punktförmig verteilte Mafite, heben sich wenig von der Grundmasse ab und sind nur sehr sparsam darin verteilt.

Innerhalb der Rhyolithfamilie sind sie die häufigste Komponente. Ihre große Anzahl, die gute Rundung, und die durch das feine Korn wie poliert aussehende Oberfläche, machten das Gestein zum bevorzugten Objekt für die morphometrischen Untersuchungen.

Die porphyritischen Vertreter dieser Gruppe sind von dunkelrotbrauner Farbe und von megaskopisch dichter Beschaffenheit. Bis Zentimeter große, grünlichweiße Plagioklase vom Typus Parkettfeldspat, heben sich gut aus der reichlich mit Mafiten durchsetzten Grundmasse ab. Orthoklas tritt zurück und Quarz fehlt unter den Einsprenglingen.

Dünnschliff

Grundmasse

Mit wechselnden Anteilen graphischer Strukturen durchsetzt, bildet die Grundmasse ein panallotriomorph-körniges Quarz-Feldspataggregat.

Bezeichnend für die sauren Glieder sind dabei die rundlich bis isometrisch-kantig ausgebildeten Konturen des mikrogranitischen Korngemenges. Die an sich schwer zu verstehende Bezeichnung von ROSENBUSCH, panidiomorph, für solche gleichkörnigen aplitischen Gefüge, wird an diesen Strukturen eigentlich erst verständlich. Die Art und Weise, wie sich der Übergang von der mikrographischen zur mikrogranitischen Ausbildung vollzieht, veranschaulicht Abb. 32.

Der Kalifeldspat der Grundmasse ist perthitisch, der Quarz durchsichtig klar. Bemerkenswert sind die gleichmäßig in der Grundmasse verteilten, büschelförmig aggregierten Hämatitnadeln, allem Anschein nach aus Hornblende hervorgegangen. Dem Mineralbestand nach schließen die suaren Intrusiva eng an die aplitischen Granite an und haben wie diese alaskitischen Charakter.

Bezeichnend für die porphyritischen Glieder ist die vollständig graphisch entwickelte Grundmasse, die in Miniaturausbildung die Quarzrosetten des granophyrischen Komplexkorntyps zeigt. (Die 7,1 Prozent graphische Strukturen der Tabelle beziehen sich auf solche größeren, komplett ausgebildeten Rosetten, die sich kornartig aus dem sonst unvollkommen rosettig entwickelten Grundgewebe herausheben.)

Abb. 31. Quarzeinsprengling im mikrogranitischen Intrusivporphyr; Quarzkorona im Abbau begriffen

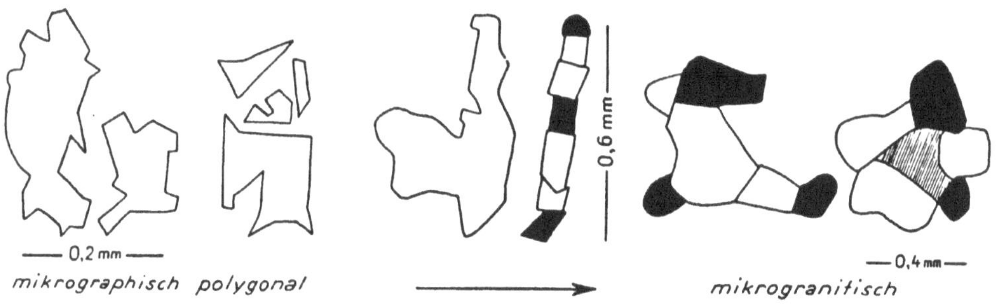

Abb. 32

Tabelle 12. Vol.-% Intrusivporphyr mit mikrogranitischer Grundmasse, quarzporphyrisch

Belegstück Nr.	15	16	16	17
Dünnschliff Nr.	6. 15. 1/5	6. 16. 1/10	6. 16. 11/17	6. 17. 1/6
Indikatrixlänge mm	1577	3146	1983	1958
Feldspat			Grundmasse nicht integrierbar	
Orthoklas	65,0	69,5		43,3
Plagioklas	8,0			9,8
Quarz	24,5	26,0		19,0
Graphisch verwachsen	0,7	2,1	9,0	24,0
Σ fels. Gemgt.	98,2	97,6	87,9	96,1
Mafite	1,8	2,4		3,9
Als Einsprenglinge	9,3	11,9	12,1	12,0
Or > Plag	1,1	2,5	2,8	2,4
Orthoklasperthit				
Or < Plag	3,4	3,4	2,0	1,0
Plagioklas	2,1	2,1	2,7	2,4
Quarz	0,9	1,5	2,0	2,3
Mafite	1,8	2,4	2,6	3,9
Als Grundmasse	90,7	88,1	87,9	88,0
mikrogranitisch	90,0	86,0	78,9	64,0
mikrographisch	0,7	2,1	9,0	24,0

Einsprenglinge

Der Orthoklas ist nach a-gestreckt und stets stark schachbrettalbitisiert. Verzwillingungen nach dem Karlsbader und Manebacher Gesetz sind selten. Gelegentlich ist beginnende Zersetzung zu Chlorit und Muskovit zu beobachten, der büschelförmig aus Absonderungsklüften herauswächst. Der Plagioklas tritt kumulophyrisch gehäuft zusammen mit Orthoklas auf. Quarz tritt auch als Einsprengling truppweise auf und löscht schwach undulös aus. Die Korona ist im Abbau begriffen (Abb. 31).

Die Mafite werden durch Erz vertreten. Als Primärausscheidungen sind randlich zu Hämatit umgesetzte Pyritwürfel von maximal 0,1 mm ⌀ zu betrachten, als Pseudomorphosen nach Hornblende büschelförmig aggregierte Hämatitnadeln.

Der An-Gehalt der porphyritischen Plagioklase liegt zwischen 28 und 35 %. Charakteristisch ist das stockförmig gehäufte Auftreten mehrerer komplexer Zwillingsgesetze. Karlsbad-Albit, Albit-Ala, außerdem Baveno und Periklin wurden beobachtet. Die Mafite sind stark zersetzt. Biotit, soweit als solcher identifizierbar, ist chloritisiert. Die oben bei den Granophyren erwähnte grüne, nichtpleochroitische Substanz, wieder mit Apatit und Zirkonsäulchen gespickt, ist in Magnetit und Hämatit umgewandelt; zusätzlich tritt Quarz als Umsetzungsprodukt auf.

Dem Einsprenglingsvolumen nach zu urteilen, sind die Intrusivporphyrite feinkörnige Äquivalente des porphyritischen Granophyrs.

Tabelle 13. Vol.% Intrusivporphyr mit mikrogranitischer Grundmasse, porphyritisch
Belegstück Nr. 18, Dünnschliff Nr. 7. 18. 1–7. 18. 5

Indikatrixlänge mm	Plagioklas	Orthoklasperthit Plag > Or	Orthoklasperthit Or > Plag	Mafite	Einsprengl.	Grundmasse mikrogranitisch	Grundmasse mikrographisch
2007	9,4	0,7	0,7	4,1	14,9	78,0	7,1

Einsprenglingshäufigkeit Plag: Or-Per: Mafite			Einsprenglinge cm² mikroskopisch	Einsprenglinge cm² megaskopisch
29	14	57	23	6

Korngröße mm	Plagioklas	Orthoklasperth.	Mafite	mikrogran. Grundm.	Komplexkörner
Reichweite	0,2–3,6	0,2–2,0	0,1–2	0,02–0,2	0,1–0,4
Medianwerte 25%	0,5	0,3	0,2	0,05	0,1
Medianwerte 50%	1,0	0,4	0,3	0,06	0,2
Medianwerte 75%	2,0	0,6	0,5	0,09	0,2
Maximalgröße	6,0 × 9,0	–	–	–	–

2. Intrusivporphyre mit pseudosphärolitischer Grundmasse

Handstück

Die Gesteinsfarbe ist gelbbraun und rotbraun. Die Geröllgröße beträgt maximal 10 × 7 cm. Die lachsroten und in großen Abständen verteilten Orthoklase (0,4 × 0,1 cm) heben sich wenig von der Grundmasse ab. Erst mit der Lupe sind die reichlich eingestreuten wasserklaren Quarze zu erkennen. Die Pseudosphärolithe erscheinen als kreisrunde, trübe Quarzaugen und werden bis 0,8 mm groß.

Dünnschliff

Grundmasse

Die Grundmasse besteht aus einer felsitisch oder mikrogranitisch ausgebildeten Basis, in der in bald loser, bald die Basis ganz verdrängender Anordnung sphärolithische Körner sitzen,

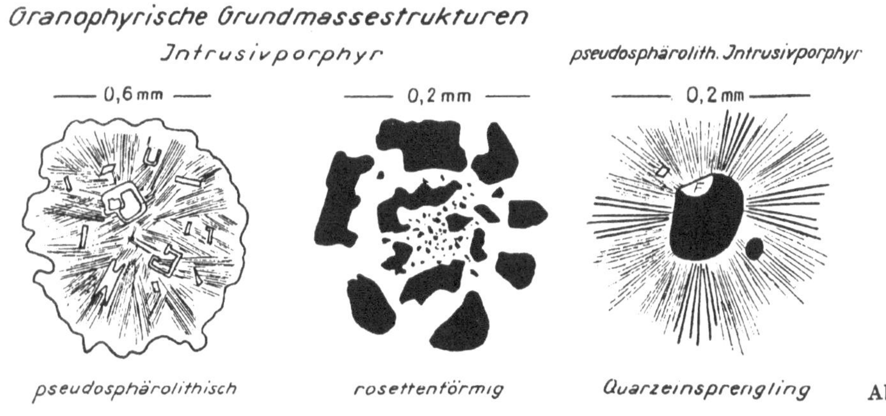

Abb. 33

Tabelle 14. Vol.-% Intrusivporphyr mit pseudosphärolithischer Grundmasse

	Übergang felsitisch → pseudosph.		Übergang pseudosph. → mikrogran.
Belegestück Nr.	12	13	14
Dünnschliff Nr.	5. 12. 1/3	5. 13. 1/3	5. 14. 1/3
Indikatrixlänge mm	1995	1282	1834
Orthoklasperthit Or > Plag	5,3	6,5	1,6
Orthoklasperthit Or < Plag	2,8	1,1	0,4
Plagioklas	0,1	1,9	0,1
Quarz	—	4,8	3,2
Mafite	1,8	1,6	—
Erz	1,6	1,6	0,5
Apatit	0,2	—	—
Σ Einsprenglinge	10,0	15,9	5,8
Grundmasse	90,0	84,1	94,2
sphärolithisch	73,0	84,1	79,0
mikrogranitisch	—	—	15,2
felsitisch	17,0	—	—

die das feiner graphisch entwickelte Äquivalent des sphäroidischen Komplexkorns der Granophyre sind. Wie diese enthalten sie stumpf rechteckige oder quadratische Orthoklasleisten, die bezeichnenderweise oft nur ein Rahmenskelett entwickelt haben und zu 10–20 Stück subophitisch im Pseudosphärolith verteilt liegen. Die Feldspäte sind als Strukturzentren schleierartig zarter Quarzfaserbündel aufzufassen, die radialstrahlig und sich überschneidend bis zum Rand des Pseudosphäroliths reichen. Unter gekreuzten Nikols erhält man deshalb statt des stehenden Interferenzkreuzes der echten Sphärolithe, ein undulös wanderndes Barrenbüschel (Abb. 33).

Abb. 34. Übergang granophyrisch → felsitisch

Einsprenglinge

Der mineralogische Charakter der Einsprenglinge wechselt von Handstück zu Handstück. Orthoklas ist entweder einziger Einsprengling oder tritt zusammen mit Quarz auf. Randlich wird Orthoklas von einem schmalen Implikationssaum eingehüllt, oder es haften ihm schmalbennestartig die Pseudosphärolithe der Grundmasse an.

Quarz ist mit einer nur ihm eigenen Quarzfaseraureole umgeben, deren Durchmesser oft um ein Vielfaches den der Quarzeinsprenglinge übertrifft.

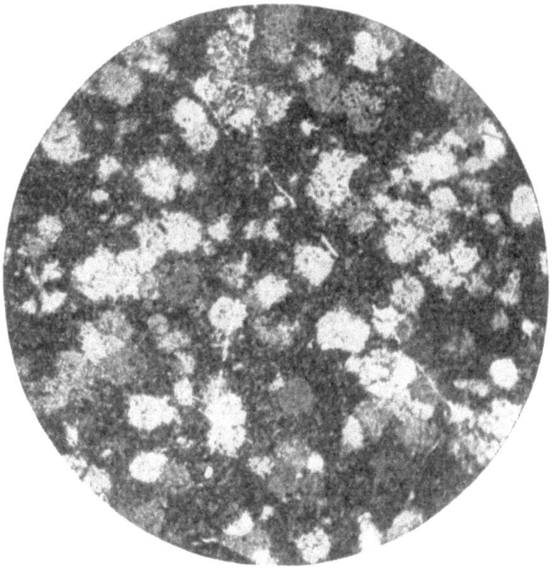

Abb. 35. Übergang pseudosphärolithisch → felsitisch

Tabelle 15. Korngrößenverteilung Intrusivporphyr mit pseudosphärolithischer Grundmasse
Belegstück 12, 13, 14

mm	Reichweite	Medianwerte 25%	50%	75%
Einsprenglinge				
Perthit	0,1 –3,6	0,4	0,6	0,8
Quarz	0,1 –1,1	0,3	0,4	0,5
Erz	0,02–0,6	0,04	0,06	0,1
Plagioklas	0,2 –2,0	–	–	–
Grundmasse				
Komplexkörner	0,2 –0,8	0,2	0,3	0,4
Zentralfeldspäte	0,03 × 0,08–0,09 × 0,3	0,03 × 0,06	0,03 × 0,09	0,06 × 0,09

Einsprenglingshäufigkeit	Perthit	: Plagiokl.	: Quarz	Einsprenglinge cm² mikroskop.	megaskop.
Belegstück 12	100	–	–		
Belegstück 13	18	9	73	19 → 43	1 → 3
Belegstück 14	24	5	71		

3. Effusivporphyre mit granophyrischer Grundmasse

Handstück

Die Quarzporphyre innerhalb dieser Gruppe der Effusiva sind sehr harte, beim Anschlagen funkende Gesteine, von braungelber, ziegelroter oder gefleckt violettroter Farbe. Überaus charakteristisch für sie ist der hornsteinartig dichte Bruch und die zahlreichen präkonglomeratischen Quarzadern, die allgegenwärtig diese Gerölle durchsetzen. Von den sauren Eruptiva weisen sie die geringste Zurundung auf, in Abhängigkeit von Menge und Mächtigkeit der durchsetzenden Quarzkluftscharen (0,08 bis 2,50 mm). Unter den Einsprenglingen überwiegt bald Quarz, bald leistenförmiger oder körniger Feldspat.

Abb. 36. Graphophyrgranit

Abb. 37. Porphyritischer Intrusivporphyr

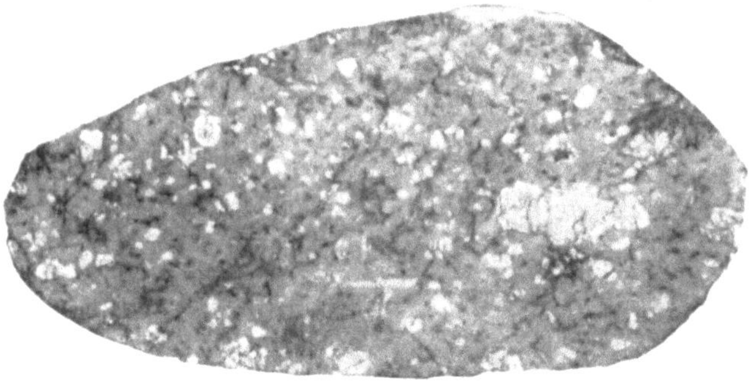

Abb. 38. Porphyritischer Effusivporphyr

Die Quarzporphyrite innerhalb dieser Gruppe unterscheiden sich von den Quarzporphyren wieder durch die reichlich vorhandenen, punktförmig verteilten Mafite, das Fehlen von porphyrisch ausgeschiedenem Quarz und die Größe der Einsprenglinge. Schon megaskopisch schließen sie deutlich an die Porphyrite der Intrusiva und den granophyrisch ausgebildeten Granitporphyren an. Megaskopisch gefügeprägend sind durchgehend die über-cm-großen quarzdurchwucherten Plagioklase vom Typus Parkettfeldspat. Man kann diese Plagioklase geradezu als Leitmineral für die Zugehörigkeit eines Gerölls zur Graphophyrfamilie bezeichnen. Man vergleiche hierzu die Abb. 36 bis 38.

Dünnschliff

Mikroskopisch setzt sich die Grundmasse aus den schon beschriebenen feinstgraphisch struierten Quarz-Feldspatkügelchen zusammen, die dicht gedrängt oder mehr und mehr einem mikrofelsitischen Korngemenge Platz machend, unmerklich in die nur noch fleckenweise aggregatpolarisierende Grundmasse der Effusivporphyre mit felsitischer Grundmasse hinüberleiten. Der Anschluß an die Intrusivporphyre wiederum wird hergestellt durch Aussparung idiomorpher Feldspatleisten des stetig sich vergröbernden Quarzgeflechtes.

Die bei den Intrusivporphyren erwähnten garbenförmig aggregierten Hämatitnadeln, hier teilweise noch deutlich als hellgrüne, pleochroitische Hornblende erhalten, durchsetzen netzartig die Grundmasse oder scharen sich zu einem dichten Filz um dickprismatisch entwickelte, sechsseitige Roteisenpseudomorphosen. Die Kluftfüllungen bestehen in der Hauptsache aus Quarz und spießigen Albiten. Untergeordnet treten noch hellgrüner Chlorit in Geldrollenform und Hämatit-Ilmenitleisten mit entmischten Anataskörperchen auf.

Albitgesäumte Orthoklase im effusiven Quarzporphyr

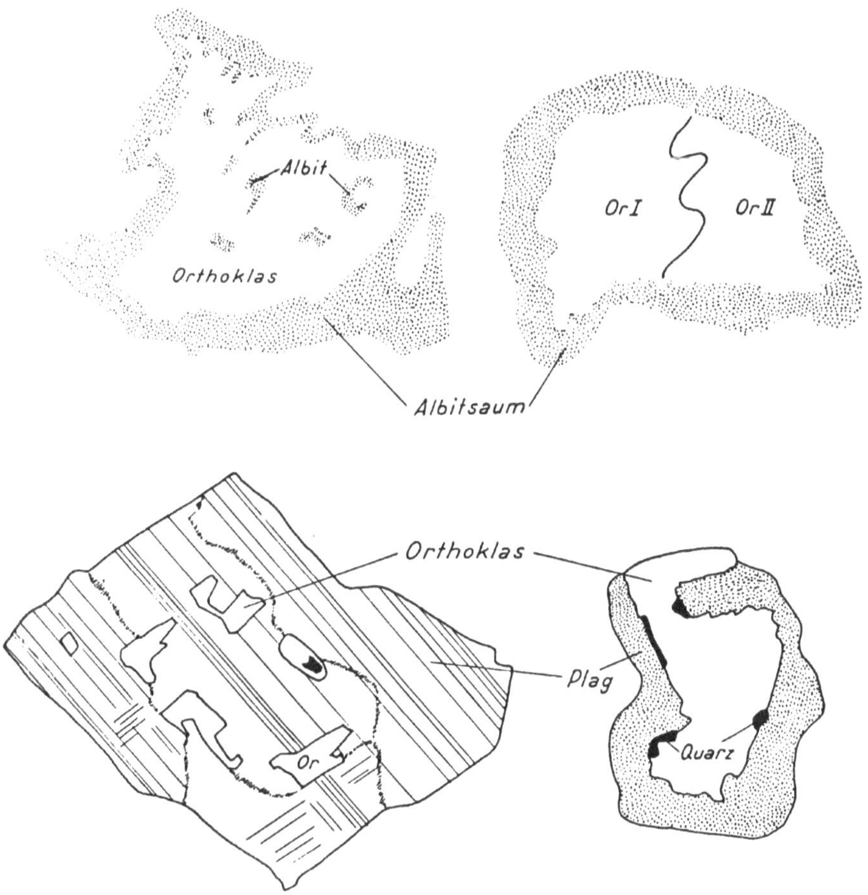

Antiperthitische Plagioklasverdrängung im effusiven Porphyrit

Abb. 39

In bezug auf die Ausbildung der Einsprenglinge kommt es innerhalb der Effusiva zu einigen Besonderheiten, die an Hand der Abb. 39 bis 43 besprochen werden sollen.

1. Abb. 39 und 40. Die Orthoklaseinsprenglinge der Quarzporphyre sind häufig von einem Albitsaum eingehüllt, der einerseits Ähnlichkeit mit einer zonaren Ummantelung von Kalifeldspat durch Natronfeldspat, andererseits aber deutliche Beziehungen zu den mit Sicherheit antiperthitisch verdrängten Plagioklasen der Porphyrite dieser Gruppe aufweist. Eindeutig ist der Sachverhalt in der unteren Reihe der Abb. 39. Orthoklas verdrängt hier von innen her Plagioklas, wobei sich längs der neu entstandenen Korngrenzen jüngerer Quarz ansiedelt.

Im Gegensatz zum stets frischen Albit der schachbrettalbitisierten und nicht gesäumten Orthoklase sind die Albitränder der Saumfeldspäte stets stark serizitisiert, so daß ein perthitisches Einwuchern von der Peripherie der Feldspäte aus für die obere Reihe der Abb. 39 ausscheidet. Gegen die Deutung der Säume als primäre albitische Ausscheidungshülle sprechen die unscharfen inneren Randkonturen.

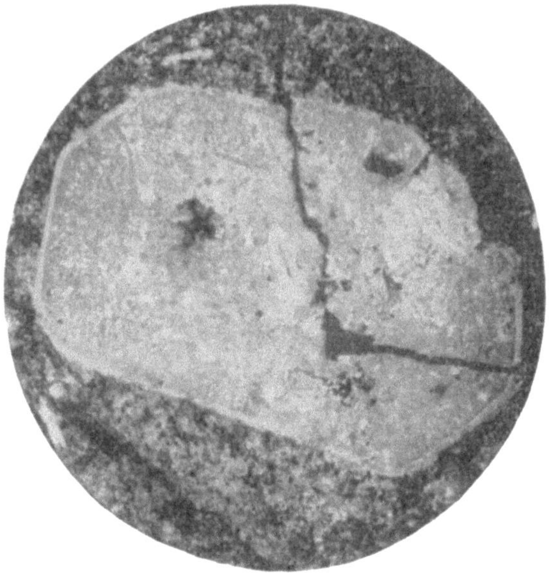

Abb. 40

Was schließlich das Schliffphoto der Abb. 40 angeht, sowird hier möglicherweise ein Albitsaum nur vorgetäuscht, und es liegt in Wirklichkeit ein schmaler Quarz-Albit-Implikationssaum vor. In Übereinstimmung mit der antiperthitischen Deutung dieser Saumfeldspäte steht deren anscheinend „wilde", also nicht richtungsgebundene Kernperthitisierung.

2. Abb. 41. Das Auftreten solcher schriftgranitisch von Quarzen durchwachsenen Orthoklaseinsprenglinge gibt einen unmittelbaren Hinweis für die enge Zusammengehörigkeit der Effusiva selbst mit den tiefsten Gliedern noch der Graphophyrgranite. Quarz ist hier deutlich jünger als der von ihm verdrängte Albitsaum und jedenfalls nicht gleichzeitig mit dem Orthoklas entstanden zu denken.

3. Abb. 42. Die ziegelrote Farbmodifikation der Quarzporphyre zeichnet sich vor allen anderen durch eine besonders starke Zersetzung der Feldspäte aus. Totalersatz von Feldspat durch Calcit, Titaneisen und Quarz machen den Entscheid, ob ursprünglich Orthoklas oder Plagioklas vorgelegen hat, oft unmöglich (vgl. hierzu die Tabelle 20).

Das Schliffbild zeigt beginnende Blattverquarzung eines Kalifeldspates parallel 001 und h01. Spitzblättriges Titaneisen und Calcit treten hinzu. Das Endprodukt dieses Verkieselungsvorganges sind Quarz-Erz-Calcitpseudomorphosen nach Feldspat und, nach den massenhaft vorhandenen Apatit- und Zirkonkriställchen eines Teils dieser Pseudomorphosen zu urteilen, auch nach Biotit oder Hornblende. Die den ehemaligen Mafiten eingelagerten Fremdkristalle erscheinen dabei „autokathartisch" an den Rand gedrängt.

Sonstige Allgemeinmerkmale der Einsprenglinge in den Effusivporphyren sind:

4. Das truppweise Zusammentreten der Quarzeinsprenglinge,

5. die Quarz-Albitfüllung miarolitischer Hohlräume mit zentripetal gerichteten, idiomorphen Albitleisten,

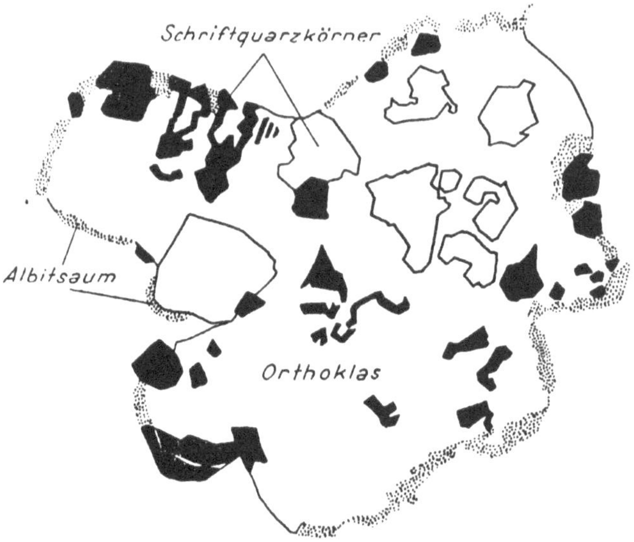

Abb. 41. Graphisch durchwachsener Orthoklaseinsprengling im Effusivporphyr

6. die überaus charakteristischen krummflächig verwachsenen Orthoklase (vgl. dazu Abb. 50 in Abschnitt C),
7. die Ausbildung von Serizitfließbahnen um sämtliche Einsprenglinge, zum Teil auch um die größeren Granosphärite,
8. die kataklastische Aufweitung gestreckter Orthoklase mit begleitender Muskovitisierung,
9. die kataklastische Zertrümmerung der Plagioklase unter Bildung von Serizit- und Chloritadern zwischen den würfelförmigen Einzelbruchstücken (Typus Parkettfeldspat).

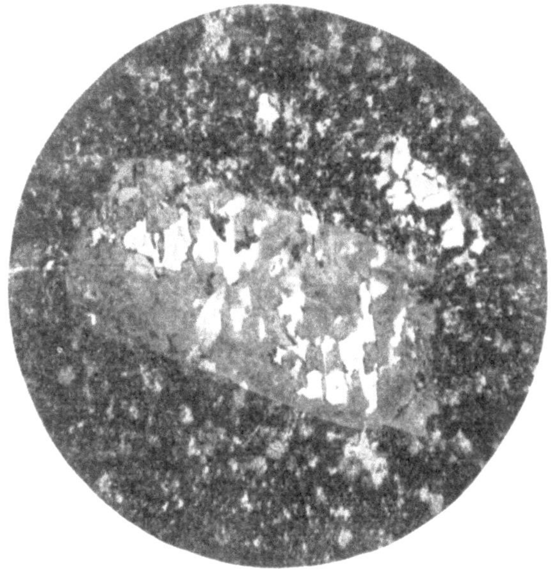

Abb. 42. Blattverquarzter Orthoklas im Effusivporphyr

Der Anorthitgehalt der porphyritischen Plagioklase beträgt (30)–35–(40) %. An einem antiperthitischen Plagioklas wurden 20 % An gemessen. Bei den Zwillingsgesetzen herrscht Albit vor Albit-Ala-B und Albit-Karlsbad. Die Achsenwinkel der Orthoklase liegen zwischen 44 und 68°.

Tabelle 16. Vol.-% Effusivporphyr mit granophyrischer Grundmasse
a) quarzporphyrisch

Belegstück Nr.		3a	3	4/5	6
Dünnschliff Nr.		2. 3a 1/4	2. 3. 1/3	2. 4. 1 ff 2. 5. 3	2. 6. 1/4
Indikatrixlänge mm		1906	1478	1848	1500
Orthoklasperthit	Or < Plag	7,9	7,5	6,0	9,0
	Or < Plag		0,8	1,0	1,8
Quarz	Einsprengl.	8,1	5,3	2,4	2,0
	Aggregat	–	0,1	3,4	1,4
Plagioklas		1,8	1,6	2,0	2,3
Mafite					
Erz		1,9	1,5	1,1	0,7
Biotit		0,9	0,9	0,5	2,3
Apatit		–	–	0,2	0,2
Zirkon		–	–	–	–
Σ Einsprenglinge		19,7	17,7	16,6	19,7
Grundmasse		80,3	82,3	83,4	80,3

Korngrößenverteilung Effusivporphyr mit granophyrischer Grundmasse
a) quarzporphyrisch

		Quarz	Perthit	Plagioklas	Apatit	Komplex-körner-	Zentralfeld-späte
Reichweite mm		0,03–0,1	0,1–4,0	0,06–4,0	0,02–0,3	0,06–0,6	0,008 × 0,01
Medianwerte	25%	0,1	0,4	0,4	0,02	0,1	0,016 × 0,02
	50%	0,2	0,6	0,6	0,05	0,2	
	75%	0,3	0,9	1,1	0,06	0,3	
Maximalgrößen		—	3,1 × 5,3		0,2 × 0,2 0,01 × 0,3	0,8	0,04 × 0,12

Einsprenglingshäufigkeit Quarz	: Perthit	: Plagioklas	Einsprenglingsdichte cm² mikroskop.	megaskop.
67	29	3	35 → 43	4 → 12

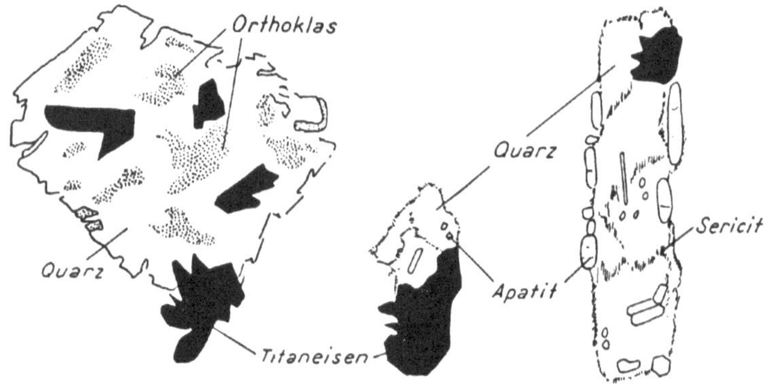

Abb. 43.
Quarzpseudomorphosen
im Effusivporphyr

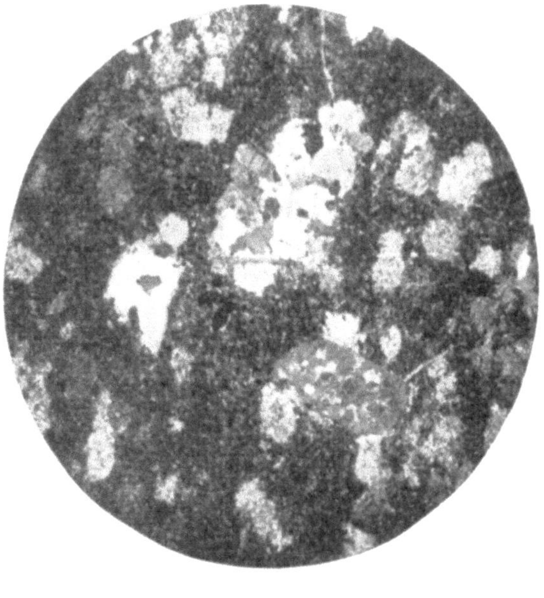

Tabelle 17. Vol.-% Effusivporphyr mit granophyrischer Grundmasse
b) quarzporphyritisch

Belegstück Nr. 3 Dünnschliff Nr. 3. 7. 1/5

Indikatrixlänge mm	Plagioklas	Orthoklasperthit		Mafite			Quarz	Σ Einsprenglinge	Grundmasse
		Plag > Or	Or > Plag	Biotit + Chlor.	Erz	Apatit			
2760	11,4	1,1	3,2	3,4	0,8	0,4	0,1	20,4	79,6

	Einsprenglingshäufigkeit				Einsprenglinge cm²	
					mikroskop.	megaskop.
	17	33	45	5	21	5

Korngröße mm

Reichweite	0,2–3,6	0,2–2,0	0,1–1,1	0,1–0,6
Medianwerte 25%	0,6	0,3	0,2	0,2
50%	1,1	0,6	0,3	0,2
75%	2,0	1,0	0,4	0,6

4. Effusivporphyre mit felsitischer Grundmasse

Handstück

Grünlich, bräunlich, rötlich gefleckt und von hornsteinartig dichtem Bruch, unterscheiden sich diese Gesteine nicht von den unter 3. beschriebenen Porphyren. Unter den Einsprenglingen überwiegen solitäre Tropfenquarze. Die Feldspäte sind frisch und spiegeln ein. Aus diesem Rahmen fallen heraus einzelne grüngraue, viel weichere Gerölle, die schon megaskopisch durch feine Serizitfließbahnen deutliche Anzeichen einer tektonischen Beanspruchung verraten.

Tabelle 18. Vol.-% Effusivporphyr mit felsitischer Grundmasse
Belegstück Nr. 1, 2

Dünnschliff Nr.	Orthoklasperthit	Plagioklas	Quarz	Mafite	Σ Einsprengl.	Grundmasse	Gesamt-Indikatrix mm
1. 1. 1/5	6,3	8,6	2,2	1,8	18,9	81,1	2833
1. 2. 1/3	—	7,5	3,5	1,5	12,5	87,5	1500

Korngrößenverteilung

Reichweite	0,04→2,0	0,2→3,6	0,03→0,6	0,02→2,0	Einsprenglinge cm²		Einsprenglingshäufigkeit		
					mikroskop.	megaskop.	Quarz :	Orthokl. :	Plagiokl.
Medianwerte									
25%	0.2	0,4	0,09	0,06					
50%	0,4	0,6	0,10	0,10	1) 30	5	50	40	10
75%	0,6	1,1	0,30	0,20	2) 17	2	41	—	59

Dünnschliff

Auch im Dünnschliffbild treten nur unbedeutende Abwandlungen gegenüber den anderen Effusiva auf. Das granophyrische Strukturelement tritt zurück und macht dem bekannten kryptokristallinen felsitischen Korngemenge Platz, wiewohl Übergänge in ein- und demselben Schliff zu beobachten sind. Die feinen Hornblende- bzw. Hämatitnädelchen gehen dem felsitisch ausgebildeten Grundmassetyp ab.

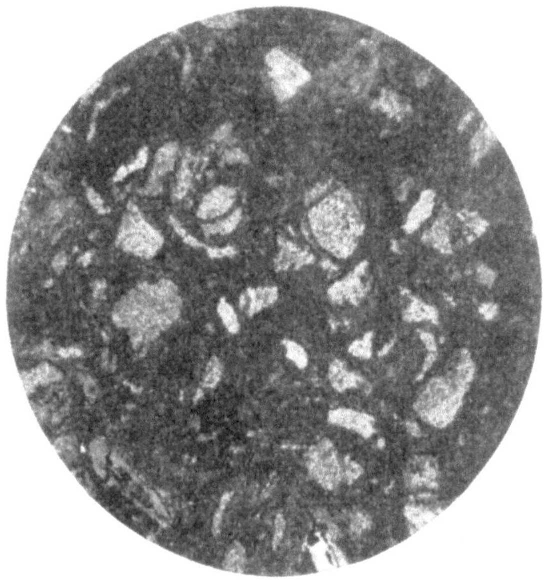

Abb. 44

In der Grundmasse der oben erwähnten grüngrauen Gerölle sind die primär felsitischen Partien nur noch reliktisch erhalten. Ein dichter Serizitfilz überspannt die Basis und zieht in Schnüren durch die zertrümmerten Plagioklase und Quarze. Die Bestimmung der Plagioklase führte zu merkwürdig widersprechenden Ergebnissen. Die bekannte Zweideutigkeit der Achsenwinkelgrößen zwischen 90 und 100° und der Auslöschungsschiefen unterhalb 19° in Rechnung gestellt, sind die Plagioklase entweder eindeutig Albite (5–12 % An) oder eindeutig Andesine (35–40 % An). Kontrollmessungen mittels der verbesserten Zonenmethode nach EBERT stimmten mit den stereographisch ermittelten Ergebnissen überein. Als Zwillingsgesetz treten vorwiegend das komplexe Albit-Karlsbad- und Albit-Ala-B-Gesetz auf.

5. Effusivporphyre mit glasiger Grundmasse

Handstück

In der schwärzlich-grünen, seidig glänzenden Grundmasse liegen schwachfluidal angeordnete, stark zersetzte Feldspatleisten (bis 2 mm) und -körnchen. Quarz ist megaskopisch nicht zu erkennen. Unter der Lupe löst sich die ansonst durchaus dichte Grundmasse lokal in ein

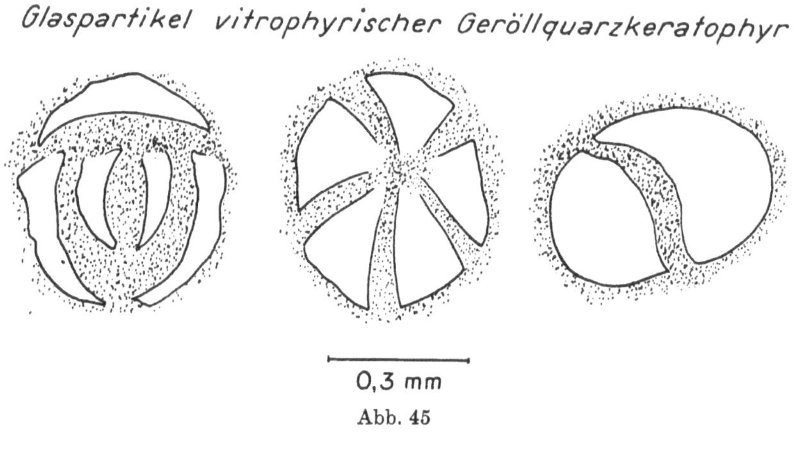

Abb. 45

Haufwerk eckiger oder auch runder durchsichtiger Glasfragmente auf, zwischen die sich netzartig, so daß sich die Scherben gegenseitig nicht berühren, chloritisch-serizitische Substanz schiebt. Wegen dieses scheinbar klastischen Aufbaues der Grundmasse wurden diese Gesteine ursprünglich von mir als Tuff bezeichnet.

Dünnschliff

Das erweiterte petrographische Verständnis bei der mikroskopischen Untersuchung läßt jedoch eine solche Deutung abwegig erscheinen. Spezifische Merkmale der Mineralausbildung, auch des Gefüges, lassen das Gestein als letztes, oberflächennächstes Strukturdifferentiat der superfiziellen Porphyrserien erkennen.

Der besondere Charakter der Grundmasse besteht darin, daß in einem von reichlich Eisenhydroxyd durchaderten Chlorit-Serizitteig vorwiegend runde, durchsichtige Glaskörper liegen, die nur schwach, und zwar felsitisch körnig, auf polarisiertes Licht ansprechen. Scherbenförmig konvex-konkav begrenzte Splitter entstehen dann, wenn in die Grundmasse fortsetzende Chlorit-Serizitschnüre diese Körper weiter zerlegen unter Ausbildung zwiebelschaliger Formen oder zu Teilkörperchen, die in ihren Umrißlinien noch deutlich miteinander korrespondieren.

Die ursprünglich homogen als Glas erstarrte Basis wurde also längs perlitischer Sprünge zunächst in rundlich abgegrenzte Teilbezirke zerlegt. Die aus zersetztem Glas hervorgegangene chloritisch-serizitische Sprungfüllung verbreiterte sich auf Kosten des Glases und zerlegte nun ihrerseits, begünstigt durch tektonischen Druck, Glaskörper und Einsprenglinge gleichermaßen.

Als Einsprenglinge sind Plagioklas, An 6–12 %, nach dem Albit und Albit-Karlsbadergesetz verzwillingt, enthalten; fleckig auslöschende, erzimprägnierte Orthoklase, zu Bruchstücken zersprungene Quarze und Chloritpseudomorphosen nach einem rechteckigen Mafiten (0,4 mal 0,2 mm), der wieder mit Erzleisten, Apatit und Zirkon gespickt ist.

Die Feldspäte sind stark zersetzt, von Chloritschnüren zerteilt, partienweise auch rekristallisiert. Orthoklas ist von Plagioklas nicht eindeutig abzutrennen, doch scheint die Vererzung hauptsächlich an Orthoklas gebunden zu sein. Quarz tritt zusätzlich als authigenes Korn, nicht zerbrochen und nicht undulös auslöschend, in der Grundmasse auf. Die Kluftfülle besteht ausschließlich aus Chlorit mit anomal grünlich-blauen Polarisationsfarben. Die Lichtbrechung der Glasfragmente ist niedriger als die von Kanadabalsam.

C. Die Beziehungen der Rhyolithe zum anstehenden Quarzkeratophyr von Lastau

Die eingangs erwähnten Beziehungen eines Teiles der Effusivporphyrgerölle zum anstehenden Quarzkeratophyr von Lastau, ergeben sich aus einer Fülle petrographischer Merkmale, die jeden Zweifel an der Identität dieser beiden Gesteine ausschließen.

Was zunächst den äußeren Habitus anbelangt, so weisen die Lastauer Porphyre den gleichen hornsteinartig-dichten Bruch auf, sind ebenso reichlich quarzdurchtrümmert[1]) und haben in der Farbe ihr Analogon in den grünen, felsitischen Geröllen (Lastauer Randfazies grünlich-weiß) und den dunkelviolett-roten Granophyren (Lastauer Kernfazies).

Mikroskopisch herrscht eine bis ins einzelne gehende Übereinstimmung mit den vitrophyrisch-felsitisch und granophyrisch ausgebildeten Gerölltypen:

[1]) Es ist für den petrographischen Begriff Quarzkeratophyr bezeichnend, daß nur in bezug auf diese beiden äußerlichsten Merkmale anscheinend „weltweite" Übereinstimmung besteht. Wo immer man in der Literatur ein als Quarzkeratophyr beschriebenes Gestein findet, werden diese Merkmale als besonders charakteristisch aufgeführt. Um so fragwürdiger ist allerdings die mineralogische Definition des Begriffes Quarzkeratophyr.

Tabelle 19

	Vol.-% Quarzkeratophyr von Lastau/Sa.		Vol.-% Geröllquarzkeratophyr				
			quarzporphyrisch			quarzporphyritisch	
Belegstück Nr.	Sammlung Staatl. Geolog. Kommission Freib./Sa.	116, 117	3	4/5	6	1	3
Dünnschliff Nr.		116. 1ff – 117./11	2. 3. 1/3	2. 4. 1ff – 2. 5. 3	2. 6. 1/4	1. 1. 1/5	3. 7. 1/5
Indikatrixlänge mm	1297	3050	1478	1848	1500	2833	2760
Orthoklasperthit	6,2	7,7	8,3	7,0	10,8	6,3	4,3
Plagioklas	2,1	2,2	1,6	2,0	2,3	8,6	11,4
Quarz	5,2	4,7	5,3	2,4	2,0	2,2	0,1
Mafite	2,0	1,3	2,4	1,8	3,2	1,8	4,6
Σ Einsprenglinge	15,5	15,9	17,6	13,2	19,7	18,9	20,4
Grundmasse	84,5	84,1	82,4	86,8	80,3	81,1	79,6
Einsprenglingsdichte cm^2							
mikroskop.	31	28	55	40	35	30	21
megaskop.	–	7	7	3	4	5	5
Einsprenglingshäufigkeit Q : Or : Plag	67 : 27 : 6	64 : 28 : 8	60 : 33 : 7	69 : 24 : 7	70 : 26 : 4	50 : 40 : 10	9 : 60 : 31

Tabelle 20. Vol.-% Geröllquarzkeratophyr (Fortsetzung)

	granophyrisch			felsitisch	vitrophyrisch
Belegstück Nr.	8	9, 10	11	2	109, 133
Dünnschiff Nr.	4. 8. 1/6	4. 9. 1ff – 4. 10. 8	4. 11. 1/9	1. 2. 1/3	109, 133
Indikatrixlänge mm	1748	4401	2177	1500	1275
Orthoklasperthit	7,3	12,1	8,3	–	–
unzersetzt	0,3	1,6	1,4	–	–
zersetzt	6,3 (1,0% Ca)	7,0 (0,9% Ca)	6,9	–	–
verquarzt	0,7	3,5	+	–	–
Quarz					
Einsprengling	5,0	0,2	0,5	3,5	1,7
als					
Pseudomorphose	0,2	1,5	0,7	–	–
Plagioklas	vgl. zersetzt. Or	vgl. zersetzt. Or	1,5	7,5	20,0
Mafite					
Titaneisen	0,3	1,0	0,8	1,5	2,5
Apatit (≫ Zirkon)	+	0,2	0,1	+	
Σ Einsprenglinge	12,8	15,0	11,9	12,5	24,2
Grundmasse	87,2	85,0	88,1	87,5	75,8

1. Übereinstimmungen im Mineralbestand.

Die gegenübergestellten Einsprenglingsvolumina der Tabelle 19 des vergleichenden Mineralbestandes sprechen für sich selbst. Es sei bemerkt, daß sich durch Verkürzung der Indikatrix oder eine entsprechend zusammengestellte Schliffauswahl leicht eine bis auf die zehntel Prozent genaue Übereinstimmung hätte erreichen lassen. Die stärker abweichenden Werte der Tabelle 20 lassen sich erklären

a) aus den verschiedenartigen metamorphen Einflüssen, denen Geröll und anstehendes Gestein ausgesetzt waren;

b) aus der Nichtberücksichtigung der Einsprenglingsvariationen des anstehenden Gesteins, im besonderen der mineralogisch und strukturell ganz andersartigen Beschaffenheit der Randfazies (s. unter 2.). Das Lastauer Belegmaterial ist der Kernfazies aus dem Eisenbahndurchbruch südlich des Bahnhofes Lastau entnommen. Der hier massige Quarzkeratophyr ist gelegentlich frei von megaskopischen Quarzeinsprenglingen.

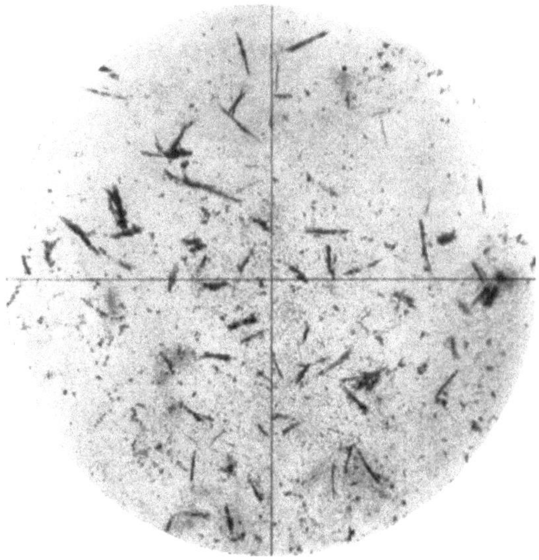

Abb. 46.
Hornblendebüschel in der Grundmasse des Lastauer Quarzkeratophyrs

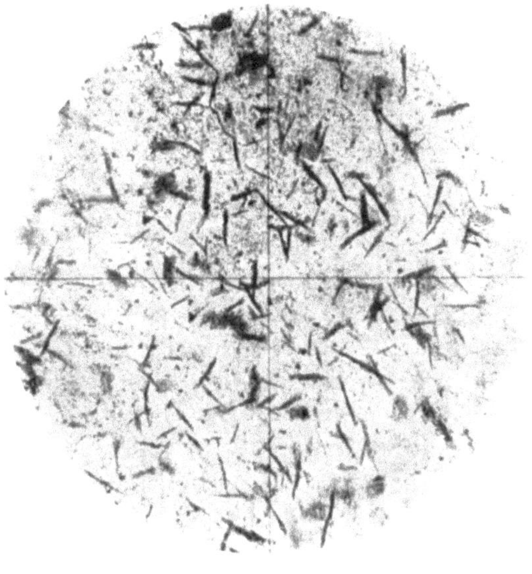

Abb. 47.
Hornblendebüschel in der Grundmasse des effusiven Geröllprophyrits

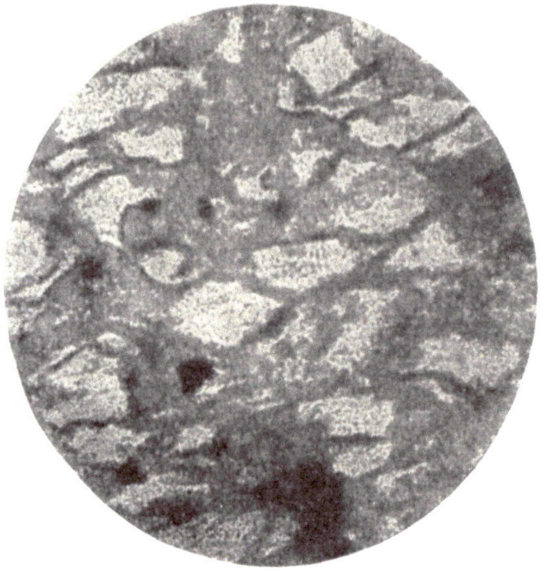

Abb. 48.
Vitrophyrische Randfazies Lastau. Ehemals geschlossene Glasbasis wird tuffartig von Chlorit-Serizit zerlegt

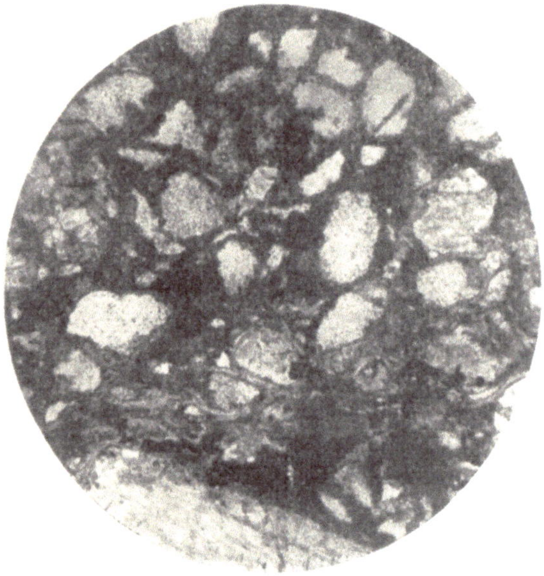

Abb. 49.
Geröllvitrophyr

2. Übereinstimmung in der Struktur.

a) Lastauer Kernfazies. Die Grundmasse der Lastauer Kernfazies ist granophyrisch ausgebildet. Im Dünnschliff sind Geröll und anstehendes Gestein nicht mehr voneinander zu unterscheiden. Wichtig ist, daß auch den effusiven Geröllporphyriten (Belegstück 7), deren Zusammengehörigkeit mit dem granophyrisch ausgebildeten Granitporphyr außer Frage steht (vgl. Abb. 36 bis 38), diese Grundmasseausbildung eigen ist. Im besonderen sind es die gebüschelten Hornblendenadeln, die hier wie dort wiederkehren (Abb. 46 und 47).

b) Lastauer Randfazies. In ihrer extremsten Form grün, schiefrig, schalsteinartig ausgebildet, hat die Randfazies keine Ähnlichkeit mehr mit einem Eruptivgestein. Das

Tabelle 21 Korngrößenverteilung Quarzkeratophyr (Geröll)

mm	Reichweite	Medianwerte			Einsprenglingsdichte		Einsprenglingshäufigkeit Quarz : Pseudom.-quarz : Per : Plag				Belegstück Nr.
		25%	50%	75%	mikroskop.	megaskop.	Quarz	Pseudom.-quarz	Per	Plag	
Einsprenglinge											
Orthoklasperthit	0,1–4,0	0,3	0,6	1,1	28	4	67	10	23	–	8
verquarzter Orthoklasperthit	0,1–4,0	0,3	0,5	1,0							
Plagioklas	0,2 × 0,4 → 1,6 × 4,0	–	–	–	21	3	13	62	25	–	9,10
Pseudomorphosenquarz	0,06–2,0	0,2	0,4	0,5							
Einsprenglingsquarz	0,06–0,6	0,2	0,3	0,4	35	6	17	17	50	16	11
Erz	0,03–1,1	0,1	0,2	0,3							
Zirkon	0,08 × 0,1 → 0,04 × 0,3	–	–	–							
Apatit	0,02–0,2	0,02	0,03	0,04	17	2	40	–	–	60	2
Granosphärite des felsitisch. Q-kerat.	0,04–0,2										
Glaspartikel des vitrophyrisch. Q-kerat.	0,1–0,4				20	5	37	–	–	63	109,133

schmutzige Rot des Kerngesteins geht zunächst in die grünlichweißen Farbtöne einer noch massigen, aber schon flaserig porphyroidischen Modifikation über mit felsitischer Grundmasse, die im scheinbaren Intrusionsverband mit dünnlagigen, schalsteinähnlichen Partien steht. Solches, der Liegendzone entnommenes, grünschiefriges Material (Tiefer Grund nördlich des Goldberges), zeigt im Dünnschliff geradezu drastische Übereinstimmung mit den oben beschriebenen Pseudotuffstrukturen der Geröllvitrophyre (Abb. 48 und 49).

Sprechen die angeführten Merkmale für sich allein schon überzeugend genug für die stoffliche Identität von Geröll- und anstehendem Quarzkeratophyr, so lassen eine Reihe Besonderheiten in der Ausbildung der Gemengteile es für ausgeschlossen erscheinen, daß der Zufallsfaktor eine wie immer geartete Rolle gespielt hat. Beiden Gesteinen gemeinsam sind also ferner

a) die Titaneisenvererzung der Orthoklase,

b) die krummlinigen Verwachsungsnähte von Orthoklasen in Karlsbader Zwillingsstellung (Abb. 50),

c) das Fehlen von Hornblendenadeln in den felsitisch ausgebildeten Typen,

d) der Wechsel im Anorthitgehalt der Plagioklase und das Auftreten der gleichen Zwillingsgesetze (Albit, Albit-Ala, Albit-Karlsbad).

Der Plagioklas der Lastauer Kernfazies ist Albit-Oligoklas (An 5–12). Die felsitisch ausgebildete Randfazies führt sowohl Albit als auch Andesin (An 35%, Belegstück 55). Interessant sind in diesem Zusammenhang Bemerkungen von ROTHPLETZ in den Erläuterungen der ersten Auflage des Blattes Langenleuba. Den dort anstehenden, mit dem Lastauer Quarzkeratophyr identischen Porphyr nennt ROTHPLETZ wegen der Grundmassehornblenden und

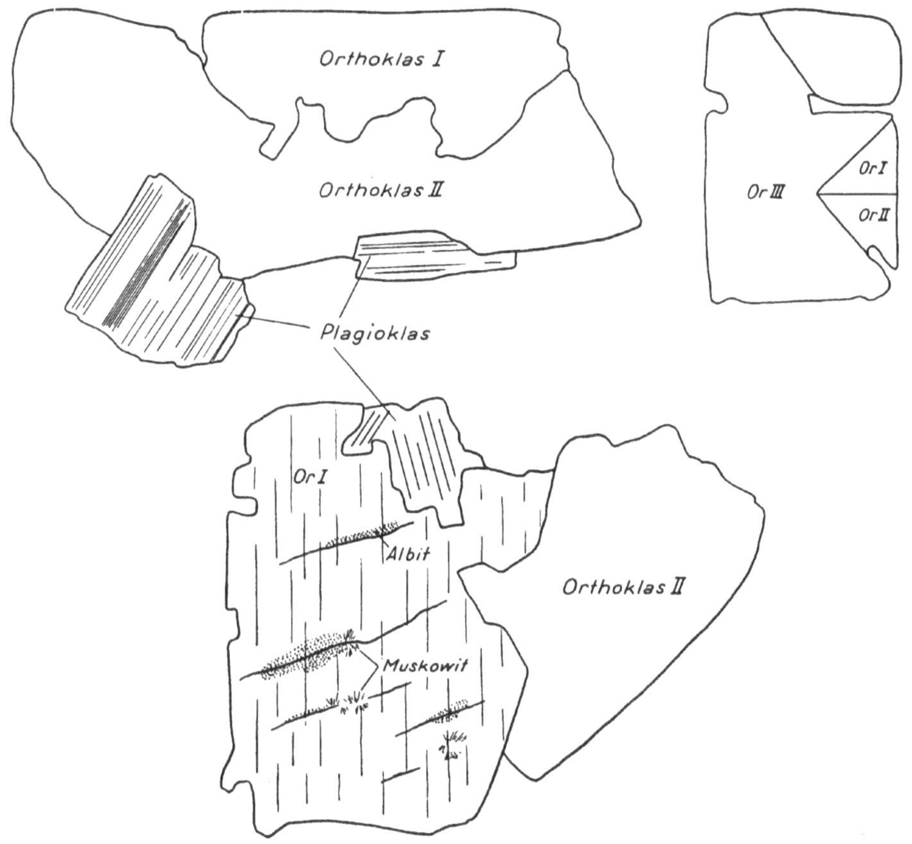

Abb. 50. Krummlinig verwachsene Orthoklase in Geröllporphyr (oben) und Lastauer Porphyr (unten)

des als Labradorit bestimmten Plagioklases Quarzdioritporphyr – eine Bezeichnung, die den Charakter dieses Gesteins richtiger wiedergibt als der schwer abgrenzbare Begriff Quarzkeratophyr[1]).

Die übrigen gemeinsamen Merkmale des Lastauer Gesteins mit den effusiven Geröllporphyren brauchen nicht gesondert aufgeführt zu werden. Die Merkmale der chemischen Metamorphose sind in beiden Gesteinen die gleichen. Beachtenswert ist der Umstand, daß die Geröllquarzkeratophyre, wie die Graphophyrgranite auch, alle Anzeichen einer schon präkonglomeratisch vorhanden gewesenen Deformation aufweisen.

Der Beweis, daß die Geröllquarzkeratophyre direkt oder indirekt (anstehende Quarzkeratophyre der Nachbarblätter) vom Lastauer Vorkommen abzueiten sind, kann als erbracht betrachtet werden. Auf die geologischen Schlußfolgerungen, die daraus gezogen werden können, wird in Kapitel 13 eingegangen.

b) Basische Abfolge

Die Gerölle der basischen Abfolge sind diabasähnliche Ergußgesteine. Ihr Mengenanteil im Gesamtgeröllbestand beträgt etwa 7%. Sie zeigen keine oder nur geringe Abrollungsspuren. Der äußere Habitus ist dickscherbenförmig-plattig oder brockig.

[1]) Das Lastauer Vorkommen, mit Quarz als häufigsten Einsprengling und Orthoklas > Plagioklas, mußte danach richtiger entweder als Quarzporphyr oder, wegen der Koppelung von Hornblende mit Andesin, als Quarzdioritporphyr im Sinne von ROTHPLETZ bezeichnet werden.

A. Gliederung nach Mineralbestand und Struktur

Sehr einfach in ihrer mineralogischen Zusammensetzung setzen sich die Gesteine unveränderlich aus den Hauptgemengteilen Feldspat, Titaneisen (> Hämatit > Magnetit) und Chlorit zusammen. Wiewohl nach der Art des Feldspates mikroskopisch unterschieden werden können, Gerölle mit ausschließlicher Orthoklasführung von solchen mit ausschließlicher Plagioklasführung, kann doch kein Zweifel bestehen, daß beide Geröllarten demselben Erguß- bzw. Intrusionsgesteinskörper zugehören. Bezeichnend hierfür ist, daß sich die Gerölle im Handstück meist nicht voneinander unterscheiden lassen.

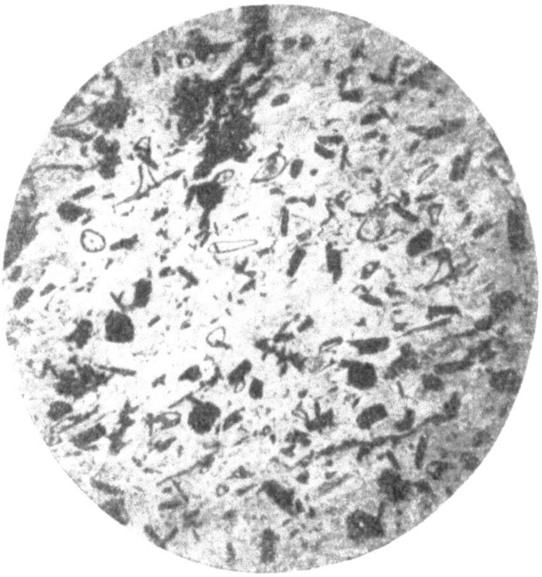

Abb. 51. Basisches Glas, bläschenreiche Partie

In bezug auf die Struktur bilden zunächst Chlorit, Erz und umgesetztes Glas eine Basis, in die vitrophyrisch und noch gemischt Orthoklas- und Plagioklaseinsprenglinge eingebettet sind. Verdrängt wird die so beschaffene Basis mehr und mehr von schon differenzierten Feldspatleisten, die über das Zwischenstadium des dichten Mikrolithenfilzes der pilotaxitischen Gefüge in das sperrige oder körnige Intersertalgefüge der holokristallinen Endglieder dieser Reihe, Trachyt und Diabas, hinüberleiten. Wiederum bezeichnend ist, daß sich die gelegentlich zu beobachtende schlackig poröse Ausbildung nur bei den orthoklasführenden Geröllen findet. Weiterhin fällt auf, daß die plagioklasführenden Gesteine ihrem Mengenanteil nach stark zurücktreten und sich diesbezüglich wie die Eugranite innerhalb der Granitgruppe verhalten. Es liegt deshalb nahe, die hier Trachyt genannten Steine als die seichtere und damit stärker der Erosion ausgesetzte Randfazies eines diabasischen Magmas anzusehen.

Nach diesen Merkmalen gegliedert, können also innerhalb der basischen Effusiva unterschieden werden:

1. Basische Gläser
   vitrophyrisch-hyaloophitisch struiert
2. Trachyt
   pilotaxitisch-trachytisch struiert
3. Diabas
   diabasisch-körnig struiert

B. Einzelbesprechung der basischen Effusiva

1. Basisches Glas (Abb. 51 bis 53)

Die basischen Gläser sind dickschiefrige Platten (größte Platte 15 × 12 cm), tonschieferähnlich dicht und schwarzgrau, oder pechschwarz und blasenreich.

Die Schieferungsflächen sind stark roteisenimprägniert und mit winzigen, glimmerartig glänzenden Hämatitplättchen übersät — von hexagonalen Umrißlinien, also parallel der

Abb. 52. Basisches Glas, hyaloophytisch Vergr. 4,3 × 6

Basis eingeregelt auf dem Hauptbruch, von dünnleistenförmiger Gestalt auf dem Längs- und Querbruch.

Mikroskopisch besteht das Gestein aus einer hellgelb durchscheinenden, fast isotropen Basis und holzscheitartig darin verteilten opaken Erzleisten. Die Basissubstanz ist weitgehend zu anomal blau polarisierendem Chlorit umgesetzt, der strähnig die Basis durchzieht oder als Füllung von Bläschen auftritt.

Die unregelmäßig oval geformten Bläschen, die als Strukturrelikt eines ehemals gasporenreichen Glases aufzufassen sind, haben konzentrisch schaligen Bau. Ein opaker Ring trennt dabei einen radialfasrig struierten Kern oder Außensaum von homogenen Zonen verschiedenfarbigen Chlorits.

Die Erzleisten, die ihrer Form nach Pseudomorphosen nach Biotit sein könnten, bestehen aus Hämatit und Titaneisen und sind von hochlichtbrechenden, in bunten Farben polarisierenden Entmischungskörperchen erfüllt. Die röntgenographische Untersuchung des Materials (Lösung der Basis in Flußsäure und Trennung mit Schwereflüssigkeit) ergab Anatas[1]).

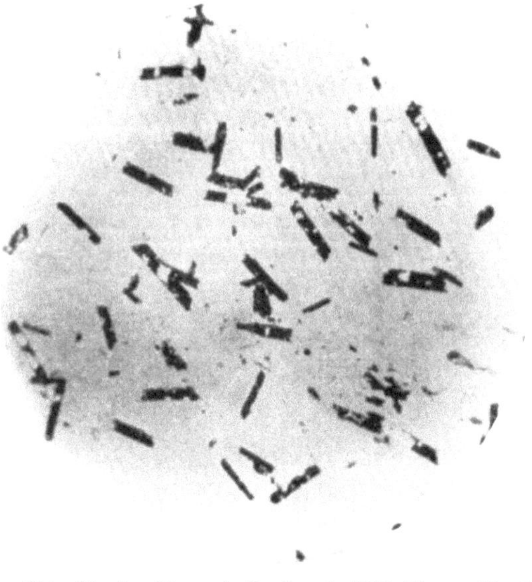

Abb. 53. do. 68, nach Kochen in HCl. Vergr. 10 × 8

Optisch und physikalisch wurden die folgenden Daten gesammelt:

a) Spezifisches Gewicht des Gesteins 3,06
b) Lichtbrechung der isotropen Basissubstanz 1,599
   Lichtbrechung der chloritischen Basisstubstanz 1,641
c) Volumen-$^0/_0$ Erzleisten 17,2
d) Größe der Erzleisten in mm
   0,03 × 0,06 bis 0,2 × 0,3
   Größe der Bläschen in mm
   0,08 × 0,16 bis 0,3 × 0,6

Die vitrophyrisch ausgebildete Abart unterscheidet sich wenig von der beschriebenen, nach der Anordnung der Erzleisten hyaloophytisch zu nennenden Ausbildung. Die Erzleisten erscheinen nur noch nesterweise angereichert, die Bläschen machen schlackigen Hohlräumen Platz und die Glasbasis umwindet in Strömungslinien die porphyrischen, titaneisenvererzten und chloritzerlegten Einsprenglinge.

[1]) Die Auswertung der Röntgenogramme übernahm freundlicherweise Herr Prof. Dr. A. SCHÜLER.

2. Trachyt (Abb. 54 u. 55)

In der typischen Ausbildung ist das Gestein violettrot, feinblasig porös oder ausgesprochen schlackig. Die Basis ist unauflöslich dicht (pilotaxitisches Gefüge) oder setzt sich aus büschelig oder divergentstrahlig, selten fluidal angeordneten, gelblich durchscheinenden Feldspatleisten zusammen. Einsprenglingsartig sind darin sehr reichlich, ebenfalls langleistenförmige (5×2 mm), aber auch stumpfrechteckige, größere Individuen verteilt. Der trachytisch-rauhe Bruch ist auf das reliefartige Hervortreten der Feldspatleisten zurückzuführen. Die Poren und Blasen sind leer oder mit Brauneisenmulm gefüllt. Wie die gelegentlich idiomorphen Umrißlinien der größeren Kavitäten erkennen lassen, sind diese zum Teil jedenfalls Auswitterungshöhlen von Feldspateinsprenglingen.

Von der beschriebenen typischen Ausbildung des Gesteins weichen ab gründgrau gefärbte, größere Stücke (11×7 cm), die als die frischeren, in etwas tieferem Niveau erstarrte Ausbildung angesehen werden müssen. Die noch durchscheinenden Feldspäte sind weniger nadelig leistenförmig, als vielmehr gedrungen rechteckig bis körnig. Die Einsprenglinge werden seltener (20 Stück auf 70 cm^2) und im Handstück ist das Gestein nicht mehr von den Diabasen zu unterscheiden.

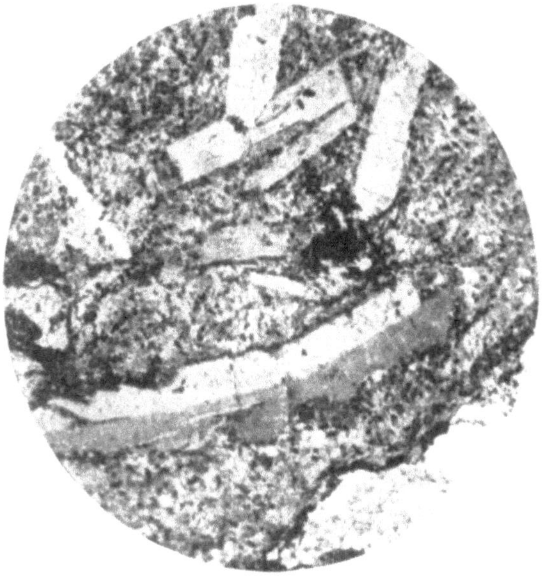

Abb. 54. Gekreuzte Nikols

Trachyt

Abb. 55. Parallele Nikols

Mikroskopisch sind für die mikrolitische Ausbildung der Trachyte die zahlreichen amygdaloiden Bläschen, mit Quarz, Chlorit und Erz gefüllt, charakteristisch. Die Orthoklase sind zu einem dichten Filz verwoben oder treten zu dem sperrigen Leistengefüge und als Karlsbader Zwillinge ausgebildet, der im engeren Sinn trachytischen Gefüge zusammen. In der Regel werden sie von einem schmalen Albitsaum eingefaßt. Das umgekehrte Verhalten, albitischer Innenkern (wahrscheinlich Anorthoklas) und orthoklastischer Hülle, ist bei den größeren Individuen zu beobachten. Das ausgezeichnete Resultate liefernde Anfärben der Feldspäte mit Na-Kobaltnitritlösung, das einen homogenen, zitronengelben Farbteppich bei den mikrolitischen Gefügen liefert, spart entsprechend die Albitsäume der Intersertalfeldspäte aus bzw. beschränkt sich die Gelbfärbung auf die orthoklastische Hülle der (?) Anorthoklase.

Die Größe der Feldspatleisten beträgt in mm
für das pilotaxitische Gefüge 0,01 × 0,08
für das trachytische Gefüge 0,08 × 0,8 bis 0,2 × 1,6.

3. Diabas

Im Handstück sind die Diabase von der grüngrau gefärbten Modifikation des Trachyts nicht zu unterscheiden. Im Dünnschliff fehlen die für die pilotaxitische Ausbildung der Trachyte so bezeichnenden Hohlräume. Die Feldspäte sind nur noch wenig länger als breit, gelegentlich tafelig entwickelt. Gegenüber den relativ frischen Trachytfeldspäten sind sie stark serizitisiert und, soweit ihre Größe das festzustellen erlaubt, polysynthetisch verzwillingt. Die Intersertalhohlräume werden durch Chlorit und Ilmenit mit sägeblattähnlichen Formen ausgefüllt. Hinzu treten massenhaft winzige Apatitnadeln.

Der Chemismus der Basisfeldspäte läßt sich nicht mehr bestimmen. Die Bestimmung des Anorthitgehalts eines Einsprenglings, nach dem Albit-Ala-B-Gesetz verzwillingt, ergab 35 % An (U-Tisch-Messung kontrolliert mit EBERTscher Auslöschungskurve). Nach dem Anfärben sind nur einzelne gelbe Flecken im Grundgewebe wahrnehmbar.

C. Die Beziehungen der basischen Effusive zu den anstehenden Schalsteinen des Arbeitsgebietes

Es liegt nahe, die völlig ungerundeten und an pyroklastisches Auswurfsmaterial erinnernden basischen Gerölle von den mächtigen Schalsteinserien des unmittelbar Liegenden und Hangenden der Konglomeratbank abzuleiten.

Die eingehende Untersuchung des Schalsteins erbrachte zunächst das Ergebnis, daß die als Schalstein und Diabastuffe kartierten Gesteine des Arbeitsgebietes zum größten Teil verschieferte Diabase sind. In keinem Augenblick ist man bei der Dünnschliffuntersuchung im Zweifel, ob orthomagmatisches oder sedimentär-pyroklastisches Material vorliegt. An einer Lokalität (Tiefer Grund nördlich Kralapp) liegen spilositisch kontaktmetamorph veränderte Tentakulitenschiefer neben sog. Schalstein (Abb. 56).

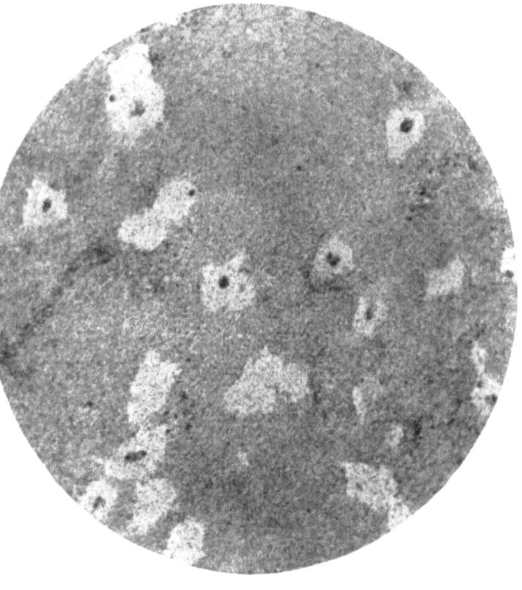

Abb. 56. Spilositische Tentakulitenschiefer neben Schalstein, Tiefer Grund

Die sedimentäre, vorwiegend kalkige Komponente tritt zurück. Es sind das kalkige Schiefer, Tuffschiefer, vorläufig als vulkanische Auswürflinge gedeutetes diabasisches Material von Bomben- und Lapilligröße und „echte" Schalsteine, also heterogen zusammengesetzter vulkanischer Detritus mit lappiligroßen zu Chlorit umgesetzten Glasfetzen und Kalkbröckchen (Abb. 57).

Ein besonderes Charakteristikum der magmatischen Komponente sind die zahlreichen Hohlräume, die dem Gestein ein schlackiges Aussehen geben. Nach der, meist ausgewitterten, Füllung dieser Kavernen, läßt sich im Dünn schliff ein Kalzitmandelstein von einem

Chloritmandelstein unterscheiden. Der Struktur nach decken die Schalsteine den Gefügebereich hyalin-vitrophyrisch bis hyaloophitisch-intersertal.

Abb. 57. „Para"schalstein
Schalsteintuff (links) neben Kalkschiefer (rechts)

Die Mineralkombination der Schalsteine ist Calcit $\gtrless$ Chlorit $>$ Feldspat $>$ Leukoxen. Der Feldspat ist Albit (Lichtbrechung stets $<$ Kanadabalsam).

Es ergibt sich daraus das merkwürdige Mißverhältnis zwischen den quantitativ vorherrschenden Geröllen mit ausschließlicher Orthoklasführung und dem anscheinend Nichtvorhandensein entsprechender anstehender Gesteine im Ablagerungsraum. Soweit die plagioklastische Natur der Schalsteinfeldspäte nicht von vornherein durch polysynthetische Zwillinge (Drei-, Vier-, Fünflinge) feststand, wurde mit Kobaltnitritlösung angefärbt. In keinem der so behandelten Schliffe läßt sich Orthoklas überzeugend nachweisen. Die Gelbfärbung konzentriert sich unregelmäßig um die Ränder der Feldspatleisten oder schiebt sich, ebenfalls leistenförmig, in Viellinge hinein. Gelegentlich hat man den Eindruck, als lägen Karlsbader Zwillinge vor, deren eine Hälfte Orthoklas wäre. Gerade die frischesten Feldspäte aber bleiben verschont. Man wird bei der Beurteilung, ob die anstehenden Schalsteine als Bezugsgestein für die trachytischen Gerölle in Frage kommen, den Übereinstimmungen in der Struktur und im Habitus den Vorzug geben müssen. Im Lahn-Dill-Gebiet tritt albitführender Diabas, der sogenannte Natronweilburgit zusammen mit einer kalifeldspatführenden Abart auf, dem sogenannten Kaliweilburgit, der den hier als Trachyt beschriebenen Gesteinen entspricht. Zumindest läßt sich also vertreten, daß beide Gesteine dem gleichen magmatischen Förderungsvorgang angehören.

Die Diabasgerölle lassen sich unschwer von den Schalsteinen selbst oder von dem ungeschieferten Diabas des linken Muldeufers bei Seupahn ableiten, der ebenfalls calcit- und mandelfrei ist.

Um eine Vergleichsmöglichkeit für die Zusammensetzung der Glasbasis in Geröll und Schalstein zu erhalten, wurden mehrere Proben differentialthermisch untersucht. Die DTA-Kurven der Abb. 58 sind typische Schaubilder von Chloriten.

Nach dem starken endothermen Maximum der Geröllgläser zwischen 580 und 610° zu urteilen, ist die Hauptsubstanz der Basis ein eisenreicher Prochlorit. Das etwas zu hoch für einen Fe-Prochlorit liegende Maximum des Schalsteinchlorits, eher typisch für einen Mg-Prochlorit, könnte auch auf die evtl. größere Menge von Chloritsubstanz in der Schalsteinbasis zurückzuführen sein, wie sich denn auch allein in Kurve 1 das meist unterdrückte zweite Maximum der OH-Abgabe bei Chloriten, zwischen 750° und 800° durchsetzt und die gleichfalls nur bei reinen Chloriten zu beobachtende exotherme Reaktion bei 850° beobachten läßt. Umgekehrt zeigt die für basische Gläser charakteristische Wasserabgabe bei 130° nur noch Probe 3 (plattiges Geröllglas) deutlich.

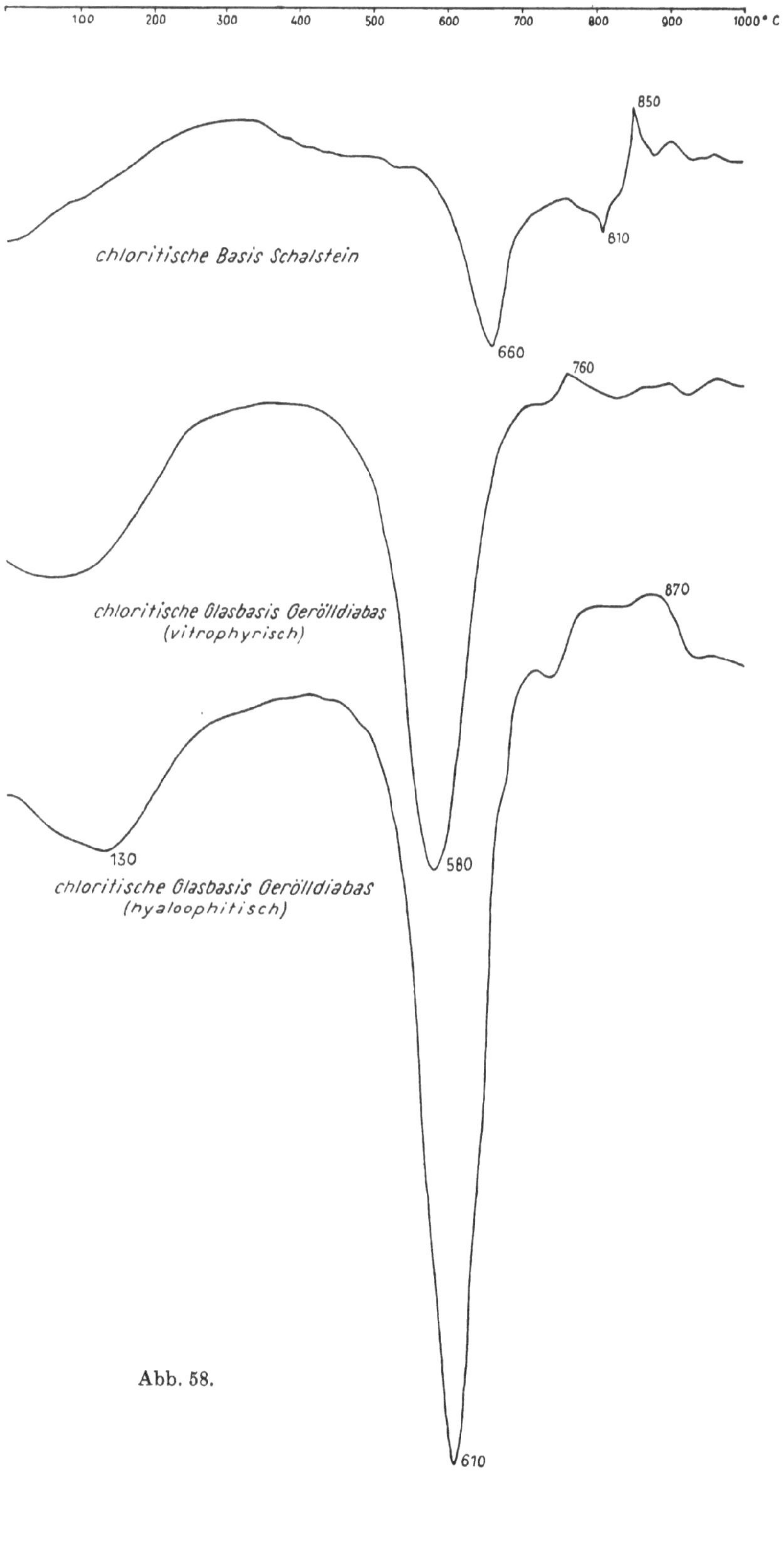
100
200
300
400
500
600
700
800
900
1000° C
850
810
chloritische Basis Schalstein
660
760
chloritische Glasbasis Gerölldiabas
(vitrophyrisch)
870
580
130
chloritische Glasbasis Gerölldiabas
(hyaloophitisch)
610

Abb. 58.

8. Die Sedimentgesteine

Die Gerölle sedimentogener Herkunft machen rund 20% des Geröllbestandes aus und setzen sich in der Hauptsache aus Grauwacken und Tonschiefern zusammen. Akzessorische Bedeutung nur haben die wenigen Stücke Dolomit und als reiner Zufallsfund ist ein einzelnes Quarzitgeröllchen zu werten. Etwa die Hälfte der Tonschiefer- und Grauwackengerölle ist schwach kontaktmetamorph verändert.

Grauwacken und Tonschiefer

Unter stetiger Vergröberung der klastischen Komponente führt eine ununterbrochene Reihe von den sehr feinkörnigen, im Schliffe serizitisch-aggregatpolarisierenden Tonschiefern über sandige und gebänderte Schiefer zu den ungeschieferten, feinkörnigen bis höchstens kleinkörnigen (≤ 1 mm) makroklastischen Grauwacken.

Der Habitus der *Tonschiefer* ist mehr blockig als schieferig. Erst beim Anschlagen tritt die Schieferung deutlicher durch den treppenartig abgesetzten Bruch hervor. Mehr oder weniger reichlich sind die Schieferungsflächen mit feinschuppigem Muskovit besetzt. Die Farbe ist grüngrau, stellenweise sind sie rötlich gefleckt.

Die Hornfelse unter den Tonschiefern fallen auf durch die dicht gedrängten schwarzen Kontaktflecken. Der Habitus ist massig. Beim Anschlagen bricht der Stein schwach bucklig nach Knötchen. In den gebänderten Schiefern treten die Kontaktflecken massiert in den dunkelgrünen pelitischen Lagen auf, die mit anscheinend unversehrten 0,1 bis maximal 2,0 mm mächtigen, hellgrauen Sandlagen wechseln.

Die gut zugerundeten, häufig ellipsoidförmigen *Grauwackengerölle* sind zähe, massig- dichte oder klastisch körnige Gesteine. Je nach dem Anteil des pelitischen Bindemittels ist die Farbe dunkler und heller grün. Die Korngröße auch der gröber klastischen Partien geht nicht über 1 mm hinaus.

Abb. 59. Orthoschalstein.
Tektonischer gestreckter Plagioklas mit Calcit gefüllt

Abb. 60. Orthoschalstein.
Pseudomorphose von Calcit nach Plagioklas
(Anfangsstadium)

Abb. 61. Orthoschalstein.
Calcitpseudomorphose nach Plagioklas
(Nachzeichnung der Zwillingslamellen)

Abb. 62. Feinkörnige, pelitreiche Grauwacke

Kontaktmetamorph verändert sind nur die dichte Abart der Grauwacke und eine hellere quarzitische Modifikation, die durch die Kontaktflecke schwärzlich-grün oder bei Anwesenheit von viel Hämatit in der Kontaktsubstanz ein rotgesprenkeltes Aussehen haben. Das Ergebnis der mikroskopischen Untersuchung der Fleckschiefer ist insofern etwas enttäuschend, als die typischen Minerale der Thermometamorphose fehlen. Die kreisrunden, im durchfallenden Licht heller als ihre Umgebung erscheinenden Flecken, sind nur mit Serizit bzw. Muskovit angereicherte Partien der im übrigen gleichartig beschaffenen Grundmasse. In geringer Menge treten Biotit und Erz hinzu.

Über den Mineralbestand gibt Tabelle 22 Aufschluß. Unter den Gesteinsbröckchen magmatischer Herkunft finden sich mikroklinführender Eugranit, Graphophyrgranit, mikrogranitischer und granophyrischer Porphyr und ein intersertal struiertes basisches Gestein. An der Zusammensetzung des sedimentären Anteils der Gesteinsbröckchen beteiligen sich Quarzit, quarzitische Schiefer und Tonschiefer. Der Kalifeldspat unter den Mineralfragmenten ist perthitisch.

Die vergleichende Betrachtung klastischer Sedimente mit Grauwackenhabitus des nordsächsischen Sattels, der als mögliches Abtragungsgebiet für die sedimentären Geröllkomponenten in Betracht gezogen werden mußte, ergab eine überraschend gute Übereinstimmung zwischen den etwas stärker kontaktmetamorphen, feinkörnigen Grauwacken von Kleinzschocher bei Leipzig und der feinkörnigen, pelitischen Geröllgrauwacke (vgl. Tabelle 22). Übereinstimmung herrscht nicht nur in bezug auf den Mineralbestand und Struktur, z. B. auch die beiden Gesteine gemeinsame schlechte Abrollung der Quarzkörner, sondern auch in bezug auf die qualitativ und quantitativ ähnliche Zusammensetzung der Gesteinsbröckchen. Die ergänzend vorgenommene differentialthermoanalytische Untersuchung des Materials zeigt den gleichen Sachverhalt.

Tabelle 22

	Vol.% Geröllgrauwacke		Vol.% Leipziger Grauwacke
	feinkörnig (< 0,3 mm)	kleinkörnig (⩽ 1,0 mm)	feinkörnig
Belegstück Nr.	57, 58	59	123, 124
Dünnschliff Nr.	20. 57. 1/3 20. 58. 1/10	20. 59. 1/4	123. 1/6 124. 1/4
Indikatrixlänge mm	1198	1284	962
Pelitischer Anteil	71,8	35,0	68,2
Psammitischer Anteil ⩾ 0,02 mm	28,2	65,0	31,8
Minerale	25,4	56,4	28,7
Gesteine	2,8	8,6	3,1
Quarz	16,3	36,9	18,0
Feldspat	6,5	17,8	8,6
polys. verzwillingt	1,2	6,5% Na-Feldspat	2,1
unverzwillingt	3,9	11,3% K-Feldspat	4,8
Kalifeldspat	1,4	(Feldspat gefärbt)	1,7
Glimmer	0,7	0,1	1,5
Erz	1,9	1,6	0,6

Die DTA-Kurven der Abb. 64 zeigen sich durch einen Oxydationsbuckel zwischen 300 und 350° und ein endothermes Maximum zwischen 610° und 630° aus. Das exotherme Maximum um 320° könnte nach KIRSCH auf die Oxydation kohliger Substanz zurückgeführt werden. Das Maximum der OH-Abgabe bei 620°, das man in Tonschiefern einem gewissen Chloritgehalt zuschreiben würde, ist wohl, da es am stärksten bei den isolierten Knoten der Leipziger Grauwacke ausgeprägt ist, auf die Anwesenheit von Pyrit und dessen Zerfall in FeS + S bei 630° zurückzuführen. In den von KIRSCH untersuchten Kontaktschiefern von Breitenbach, Vogesen, zeigt sich nämlich das umgekehrte Verhalten: Verschwinden des chloritischen Effekts der unveränderten Tonschiefer mit Annäherung an den Granitkontakt. Der Spitzenausschlag in der Abkühlungskurve gibt einen Anhaltspunkt für die Menge des mikroskopisch nicht nachweisbaren Quarzes (Hoch-Tiefquarz Umschlagspunkt bei 575°).

Abb. 63. Kleinkörnige, pelitarme Grauwacke

Quarzit

Es liegt dieser Gerölltyp nur in einem einzigen Exemplar vor. Gut zugerundet, fast kugelig und von 5 cm größtem Durchmesser, unterscheidet sich dieses Stück von den quarzitischen Grauwacken, denen es in Habitus und Farbe ähnelt, durch die größere Härte, den glänzenden,

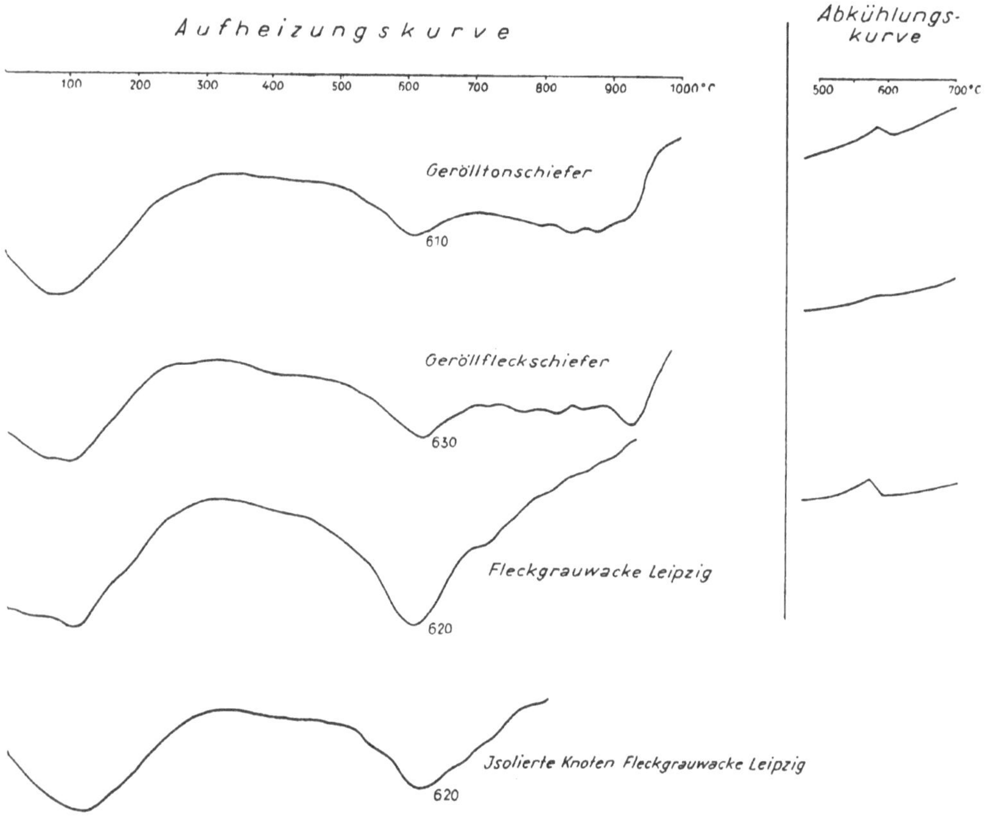

Abb. 64.

muscheligen Bruch und die grasgrüne Tüpfelung. Mit der Lupe und auf dem Anschliff erkennt man Quarz, Chlorit und fein verteiltes Roteisen.

Das megaskopisch scheinbar körnig-dichte Gefüge des Gesteins löst sich unter dem Mikroskop auf in Bereiche typisch quarzitischer Pflasterstruktur, ohne jedes Bindemittel zwischen den Korngrenzen, und in mehr lose aggregierte Quarzkornverbände von niedriger Kornbindungszahl. Als Bindemittel, soweit vorhanden, fungieren Chlorit und Serizit. Außer den schon genannten Gemengteilen sind im Dünnschliff noch Feldspat, Muskovit, Zirkon und Bröckchen von Quarzit wahrnehmbar.

Quarz	72,0 Vol.%	
Chlorit	7,9 ,,	
Feldspat	0,7 ,,	
pelitischer Zement	19,4 ,,	
	100,0 Vol.%	
	Reichweite mm	Mittelwert mm
Korngröße Quarz	0,06—0,7	0,2
Korngröße Chlorit	0,02—0,4	0,1

Der Quarz erscheint wolkig getrübt infolge der reichlich vorhandenen Bläschenzüge, löscht undulös aus und ist gelegentlich von schmalen Mörtelsäumen umrandet. Die klastische Natur der Quarzkörner ist auch in den stärker beanspruchten, quarzitischen Partien noch deutlich, in dem die erwähnten Bläschenzüge an den Korngrenzen enden oder winzige Serizitflitter den ursprünglichen Grenzverlauf nachzeichnen.

Die *Feldspäte* sind stets stark serizitisiert und oft nur, bei etwa „idiomorpher" Zwickelfüllung, als solche zu vermuten. Verdrängungssubstanz ist in solchen Fällen ein grüner *Chlorit*, der deutlich authigen in radialfasrigen Rosetten auf dem Feldspatsubstrat wächst. Soweit dem Chlorit in parallelen Schnüren Eisenerz eingelagert ist, dürfte es sich um Pseudomorphosen nach Biotit handeln.

Die Seltenheit dieses Getölltyps erlaubt keinen direkten Vergleich mit dem möglicherweise als Einzugsgebiet in Frage kommenden quarzitischen Sandstein des Tremodoc von Otterwisch und Oschatz.

Dolomit

Ganz vereinzelt und im Gesamtgeröllbestand mit nur 7 Stück vertreten finden sich unter den Geröllen sedimentogener Herkunft dolomitische Gesteine.

Handstückbeschreibung

Die wenigen aufgesammelten Stücke liegen als nicht- oder nur wenig abgerundete Brocken und Bröckchen vor, deren größere, handgroß, innig mit der Konglomeratmasse verknetet und mit dieser durchsetzt sind. Das Gestein ist mit einer rostbraunen, sandig zerreiblichen Verwitterungskruste überzogen und von körnig rauher, spätig glitzernder Beschaffenheit auf der gelbgrau gefärbten, frischen Bruchfläche. Das spezifische Gewicht liegt zwischen 2,82 und 2,94 (Bromoform-Acethylentetrabromidtrennung einer Probe von 11 g in gepulvertem Zustand). Lösungshohlräume im Kontakt mit der Grundmasse sind von stark abfärbendem schwarzbraunen Eisenmanganhydroxydmulm erfüllt.

Dünnschliffbeschreibung

Einziger Hauptgemengeteil ist Dolomitspat. Rhomboedrische Flächenentwicklung ist im ganzen selten zu beobachten. Die einzelnen Dolomitkristalle stehen in direktem Kornverband, teils mit polygonalen Grenzflächenverlauf, teils buchtig ineinander greifend.

Als Nebengemengteile treten sporadisch Hämatit, Quarz und Albit auf:

Der *Hämatit* als unregelmäßig verteilte Interposition im Dolomitspatpflaster oder im Karbonat selbst in Schnüren auf den stets deutlichen Spaltrissen nach $10\bar{1}1$; *Quarz* auf Klüften (bis 2 mm) mit zweispurig angeordneten Dolomitkrümelverlauf in der Mitte des Ganges oder als Neusprossung im Gewebe; *Albit*, selten, als einschlußfreier, idomorpher Zweiling. Ein einzelnes Kalifeldspatkörnchen (1 mm × 0,4 mm) mit perthitisch entmischtem Kern und glasklarem Albitreaktionssaum wurde ebenfalls beobachtet.

	Reichweite	Medianwerte 25%	50%	75%	Nr. des Dünnschliffs
Korngröße mm	0,04–0,25	0,08	0,1	0,16	23.62.1/6
Drehwinkel	25°–36°	28°	29°	32°	

Wie aus der Tabelle zu ersehen ist, schwankt die Korngröße nur unerheblich innerhalb des feinkörnigen Bereiches.

Überaus deutlich wahrnehmbar an den Dolomitpolygonen ist die pleochroismusähnliche stärkere Absorption für n_0 (n_E stets < Kanadabalsam). Ein einfaches Verfahren, diese Eigen, schaft auch zur optischen Unterscheidung der Karbonate auszuwerten, gibt EMMONS an. Bei horizontaler Lage der optischen Achse und N-S Orientierung des Hauptabschnitts auf dem Universaldrehtisch (n_E in der Beobachtungsrichtung) wird um A_4 gedreht ($n_E \rightarrow n_0$) bis zum Verschwinden der BECKEschen Linie ($n_{E'}$ in der Beobachtungsrichtung). Der so erhaltene Drehwinkel beträgt nach EMMONS für Calcit 36°, für Dolomit 29,5°. Nach meinen Erfahrungen ist diese Methode aber nur statistisch auswertbar. Über Streuung und Verteilung der Werte für 100 ausgewählte Körner gibt die Tabelle Aufschluß.

Eine chemische Teilanalyse des fraglichen Gesteins, von Fräulein Dr. WOHLMANN auf freundliche Vermittlung von Herrn Professor Dr. SCHÜLLER hin angefertigt, ergab die folgenden Daten:

	Handstück Nr. 114	Handstück Nr. 62
CaO	25,64 Gewichtsprozent	24,44 Gewichtsprozent
MgO	15,56 Gewichtsprozent	11,63 Gewichtsprozent

Die Werte für das Handstück Nr. 62 beziehen sich auf ein Dolomitbänkchen, das in unmittelbarer Nähe der Konglomerate im Aubachbett ansteht (s. Situationsskizze S. 9), dessen spezifisches Gewicht 2,845 beträgt.

Wie das Verhältnis CaO : MgO = 1,65 im Falle des Geröllkarbonats ausweist, liegt ein echtes Dolomitgestein vor. Nach den bei NIGGLI zitierten Angaben liegen die entsprechenden Werte für Dolomite zwischen 1,76 und 1,39. Der größere Quotient für das anstehende Gestein (2,1), ließe sich bei Annahme einer ursprünglich stofflichen Identität beider Gesteine leicht aus der ganz anderen Verwitterungsposition des Anstehenden erklären und der dadurch bedingten Verschiebung des Ca/Mg-Verhältnisses.

Untersuchungsergebnis

Die physikalisch, chemisch und optisch ermittelten Meßdaten weisen die Karbonatgerölle als echte Dolomitgesteine aus. Es liegt ein feinkörniges, monogenes Aggregat von Dolomitspatkristallen mit Pflasterstruktur vor. Das jetzt sichtbare granoblastische Kornmosaik gibt keinen unmittelbaren Hinweis auf die Genese des Gesteins. Die Fremdbeimengungen Albit und Quarz sind mit Sicherheit als authigene Neubildungen anzusprechen. Das einzelne Kalifeldspatkorn dürfte dem klastischen Detritus der Konglomeratgrundmasse entstammen, da immer dort, wo Geröll und Zement in unmittelbarer Berührung stehen, der erwähnte Albitsaum um die Kalifeldspäte das einzige sichtbare Reaktionsprodukt ist.

Die relativ gute stoffliche Übereinstimmung zwischen Geröll und anstehendem Dolomit erlaubt es, die beiden Gesteine geologisch aufeinander zu beziehen. Zusätzlich spricht dafür die Ungeformtheit dieser Gerölle sowie ihre Seltenheit, die der geringen Beteiligung der wenig mächtigen Dolomitbänke im normalen stratigraphischen Profil entspricht (nicht alle Karbonate des Untersuchungsgebietes sind Dolomite!).

IV. Morphometrische Erfassung des Geröllbestandes

Es ist eine altbekannte Tatsache, daß die Frage der Genese bei Schotter- und Konglomeratablagerungen vor allem deshalb so schwierig zu beantworten ist, weil infolge ihrer Fossilarmut das wichtigste faziesbestimmende Verfahren, das paläontologische, meist völlig versagt. Unter der aktualistisch gut zu begründenden Voraussetzung, daß Übereinstimmung besteht zwischen Form und formender Kraft, versucht die moderne Sedimentpetrographie die überlieferten Form- und Textureigenschaften der Schotter auf ihren Aussagewert in bezug auf die Bildungsgeschichte zu untersuchen.

In älteren Arbeiten auf dem Gebiet der Geröllanalyse beschränkte man sich, was die geometrischen Eigenschaften der Gerölle anbelangt, also seine Größe, Form und Zurundungsverhältnisse, auf solche wenig präzisen Bezeichnungen, wie gut oder schlecht gerundet, nuß- oder faustgroß und was dergleichen Aussagen mehr sind. Notwendig kam es bei dieser rein deskriptiven, dazu stark gefühlsmäßig betonten Terminologie zu Verallgemeinerungen, etwa der Art, daß marine Schotter rund, oval oder walzenförmig seien, fluviatile Gerölle hingegen ausgesprochen keilförmig. Beeindruckt durch die vielen Ausnahmen von solchen Regeln, bekannten sich andere Autoren zu der nicht weniger unzulässigen Verallgemeinerung, daß letztlich konstante und typische Unterschiede zwischen den Schottern verschiedener Bildungsweise nicht nachzuweisen seien, und im besonderen der Form des Einzelgerölls jede Beweiskraft für die Art des ablagernden Mediums abzusprechen sei (nach Krumbein u. Pettij. 1938).

Dem Zuge der Zeit folgende nach Anwendung exakter Methoden auch im Bereich der beschreibenden Wissenschaften, versucht die noch junge Sedimentpetrographie die eben erwähnten umstrittenen Regeln neu, und zwar quantitativ zu fassen. Praktisch bedeutet dies nichts weiter, als daß man an Stelle der vieldeutigen qualitativen Begriffe einen eindeutigen Zahlenindex setzt. Die bisher geübte bloße Inaugenscheinnahme des Schotters wird also ersetzt durch seine metrische Erfassung (Poser und Hövermann 1951).

9. Geröllform

Den Habitus eines Gerölls machen zwei ganz verschiedene und voneinander unabhängige geometrische Eigenschaften aus: Schärfe oder Rundung von Kanten und Ecken einerseits, die relativen Durchmesserlängen, ausgedrückt durch die Achsenverhältnisse, andererseits.

Beide Eigenschaften sind in erster Linie abhängig

a) von der Korngröße
b) von den Materialeigenschaften
c) von den Transport- bzw. Ablagerungsbedingungen.

Die ersten beiden Beziehungen lassen sich ausschalten, indem bei den Untersuchungen nur lithologisch gleichartiges und gleichgroßes Material zur Verwendung kommt bzw. der Größenfaktor durch die Angabe von Achsenverhältnissen eliminiert wird; übrig bleibt, Form und Zurundung allein auf ihre Beziehungen hin zu den für die genetische Deutung wichtigen Transportfaktoren zu untersuchen.

a) Achsenverhältnisse

Darstellung der Formen im ZINGGschen Quadrat

Zu einer ersten näheren Charakterisierung eines Gerölls werden nach ZINGG seine drei Hauptachsen gemessen. An Geröllen mit der Idealgestalt eines dreiachsigen Ellipsoids stehen diese senkrecht aufeinander und sind ungleich groß. Im folgenden bedeutet a die größte Dimension des Gerölls, b seine senkrecht zu a gemessene Breite, c seine senkrecht zur ab-Ebene gemessene Dicke. Berechnet werden die Achsenverhältnisse b/a und c/b. Da allgemein gilt $a > b > c$, schwanken die erhaltenen Werte zwischen 0 und 1. Das Verhältnis b/a zeigt an, ob ein Geröll isometrisch oder stengelig ist, das Verhältnis c/b, ob es flach ist. Es gelingt so, die große Mannigfaltigkeit der Geröllformen vier Typen zuzuordnen, deren Grenzwert im bezug auf die Achsenverhältnisse von ZINGG mit 0,66 . . . ermittelt wurden.

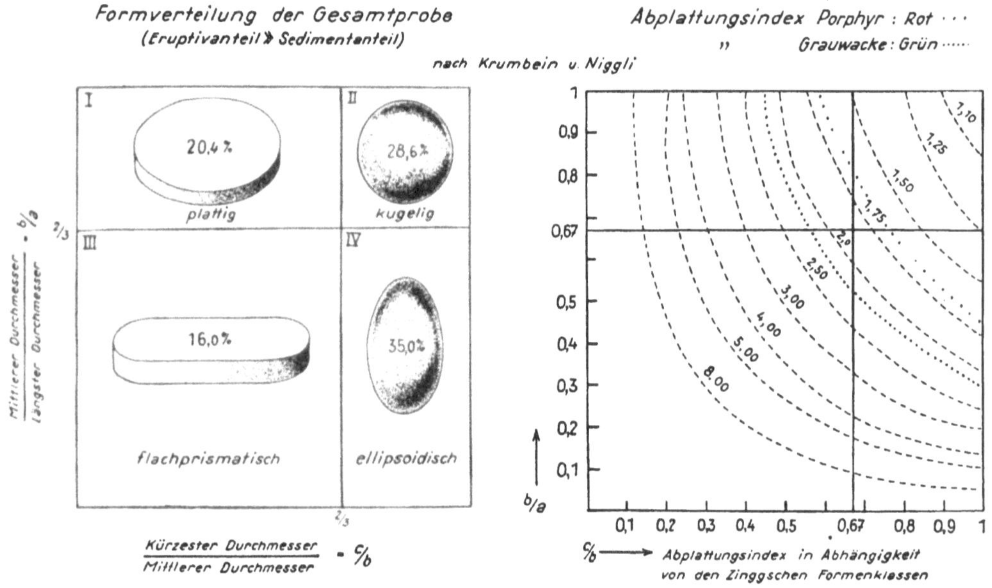

Abb. 65a u. b

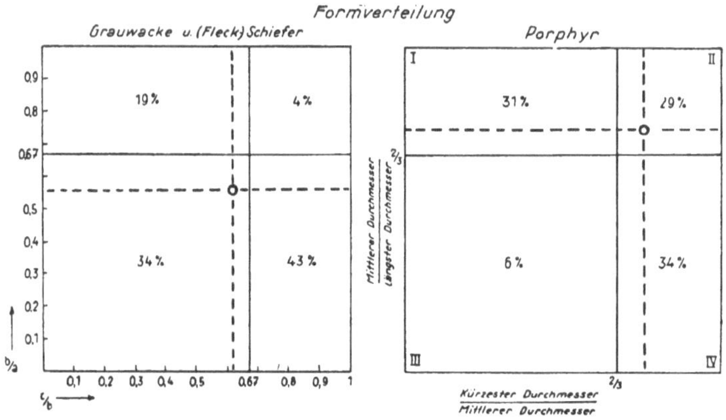

Abb. 66. Die eingetragenen Koordinaten entsprechen den mittleren Achsenverhältnissen b/a und c/b

In visuell leicht einprägsamer Form vermittelt die Darstellung der vier Formenklassen im sogenannten *Zinggschen Quadrat* eine gute Übersicht des Gesamtformenschatzes. Das Rohmaterial für die ausgeführten Untersuchungen gaben 300 unversehrte Gerölle ab, die zu einer Gesamtprobe zusammengesetzt, sich auf die verschiedenen Formenklassen nach Abb. 65a aufschlüsseln, wobei den Formensymbolen die jeweiligen Prozentanteile eingeschrieben sind.

Um die Abhängigkeit der Form von der Gesteinsart zu studieren, wurden die Messungen ergänzend an je 107 Grauwacken und Ton(-fleck)schiefern bzw. Porphyren vorgenommen, Abb. 66. Die Materialbezogenheit tritt denkbar deutlich in Erscheinung. Die eingetragenen Koordinaten geben die Medianwerte der zugehörigen Achsenverhältnisse an, entsprechen also jenen Werten, oberhalb und unterhalb derer sich die übrigen Meßzahlen zu je 50 % gruppieren. Die mittlere Geröllform der Grauwacken hätte danach etwa flach eiförmige Gestalt, während für die Porphyre, bedingt durch die starke Tendenz der Klassen I und III nach II und IV – über 90 % der Meßpunkte in diesen Klassen haben einen c/b-Wert $> 0{,}5$ – eine fast kugelige Gestalt typisch wäre.

Abplattung und Dissymmetrie

Unter der *Abplattung* eines Gerölls versteht man das Verhältnis seiner Länge oder Breite zur Dicke, oder aber man drückt es, wie CAILLEUX, durch das arithmetische Mittel aller 2 Achsen aus, also $(a + b) : 2c$.

Das Achsenbezugssystem bleibt dasselbe wie bei den ZINGGschen Abmessungen und da $a > b > c$ gesetzt wird, ist der erhaltene Zahlwert immer größer als 1.

Dem Schaubild 67 liegen die Meßwerte von 137 Porphyrgeröllen zugrunde, die sämtlich der unteren Grobkiesfraktion ($a = 2{,}0$–$6{,}32$ cm) angehören.

Das Blockdiagramm gibt Auskunft über die Anzahl Gerölle (Ordinate), die einem bestimmten Abplattungsintervall (Abszisse) zugehören, die Summenkurve über die Variationsbreite der errechneten Indices. Jeder Punkt auf dieser Kurve gibt also an, wieviel % der Gesamtmessung oberhalb oder unterhalb der zugehörigen Abszissenkoordinate zu liegen kommen. Der Medianwert (M) der Abplattung beträgt danach 1,70 und nur 25 % der Gerölle zeigen einen höheren Abplattungsindex als 1,90.

Dem Größenfaktor wurde weiter Rechnung getragen, indem die Abmessungen an je 30 Geröllen zwischen 2,8 und 3,2 cm größter Durchmesser (wahrscheinlicher Medianwert 1,74) und 4,8–5,2 cm (wahrscheinlicher Medianwert 1,81) vorgenommen wurden. Die Materialbezogenheit des Abplattungsindex tritt insofern deutlich in Erscheinung, als die Messungen an 50 Grauwacken und Schiefern derselben Größenordnung eine mittlere Abplattung von 2,2 zeigen.

Wie der Verlauf der Abplattungskurven in Abb. 65b zeigt, erfassen die Achsenverhältnisse a/c und b/c nur unvollkommen die äußere Gestalt des Korns. Die Überlegenheit der ZINGGschen Klassifizierung nach b/a und c/b ist offenbar, schwingen doch die Kurven gleicher Abplattung unter Umständen durch drei verschiedene Formenklassen des Bezugsquadrats. Kommt andererseits aber den Abplattungs-

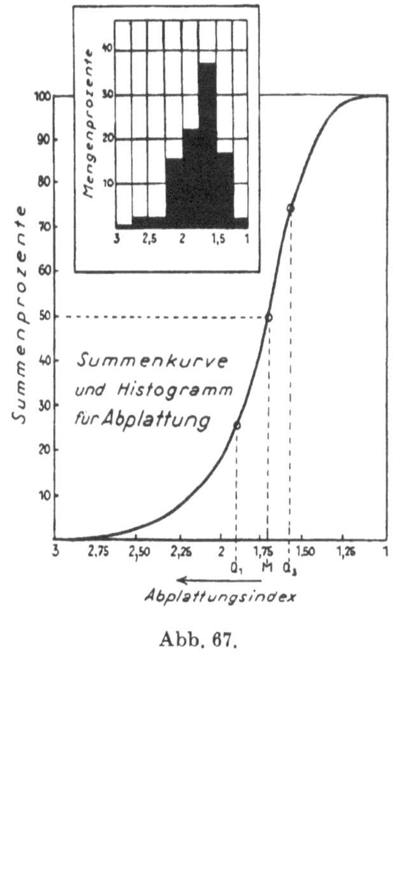

Abb. 67.

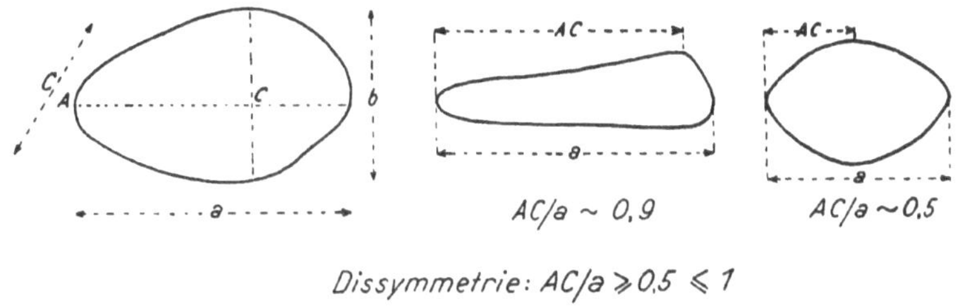

Abb. 68.

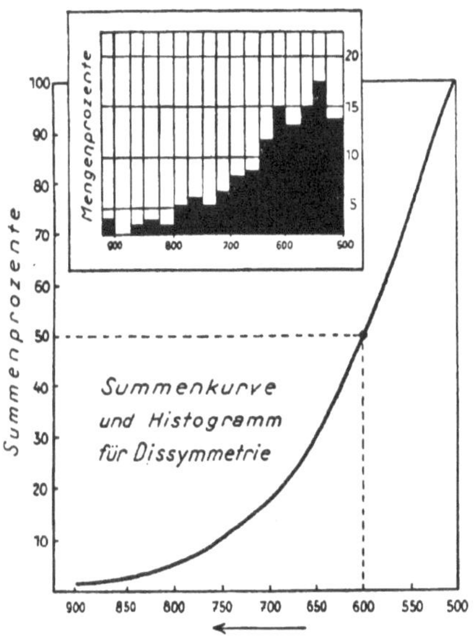

Abb. 69

verhältnissen genetische Bedeutung zu, so wäre damit angezeigt, daß die gleiche Geröllform auch in verschiedenem Ablagerungsmilieu stabil sein kann (KRUMBEIN und SLOSS 1951).

Von *Dissymetrie* oder *Asymmetrie* spricht man dann, wenn die Richtung *b* nicht durch den Halbierungspunkt von *a* geht und drückt den Grad der Dissymetrie aus durch das Verhältnis des größeren Abschnittes auf *a*, zur Gesamtlänge von *a*. Der auf diese Weise erhaltene Zahlenindex, ein Maß für die Verlagerung des Geröllschwerpunktes, gehört nach CAILLEUX mit zu den bestverwertbaren Merkmalen bei der Unterscheidung mariner und fluviatiler Formgebung. Den diagnostisch günstigsten Aussagewert besitzen Gerölle von 3–4 cm Durchmesser. Das Mittel von 60 Porphyrgeröllen dieser Größe wurde mit 0,589 berechnet. Die der Gesamtprobe (150 Porphyre und kleinkörnige Granite zwischen 2 und 8 cm) zugehörigen Quartilwerte können der Summenkurve in Abb. 69 entnommen werden.

b) Rundung

Ebenso wie sich die äußere Gestalt eines Korns nach den angewandten Meßmethoden verschieden vollständig und damit verschieden genau erfassen läßt, ist auch die zahlenmäßige Festlegung des Abrundungsgrades abhängig von der Wahl des eingeschlagenen Verfahrens; die auf unterschiedliche Weise gewonnenen Ergebnisse sind deshalb nicht miteinander vergleichbar (P. SCHNEIDERHÖHN 1954).

Für die genetische Deutung eines Schotters erweist sich dieser Umstand um so mißlicher, als die an sich schon spärlichen Untersuchungsergebnisse dieser Art an rezenten Schottern hinsichtlich ihres Vergleichswertes noch weiter eingeengt werden. Es empfiehlt sich deshalb, analog der Darstellung der Formen im vorigen Abschnitt, zwei Methoden auszuwählen und zur Charakterisierung der Rundungsverhältnisse in Anwendung zu bringen.

Die Methode nach SZADECKY-KARDOSS, vorläufig noch ohne eigentlich genetischen Aussagewert, erfaßt den Rundungsgrad am vollständigsten, indem bei ihr sämtliche Begrenzungselemente des Korns, also außer dem Konvexanteil der Umrißlinie, auch deren Konkav- und Plananteil berücksichtigt werden; die Methode nach CAILLEUX, gegen die theoretisch mancherlei einzuwenden wäre, (P. SCHNEIDERHÖHN) beschränkt sich auf die Messung der Rundung vom kleinsten Krümmungsradius und des größten Durchmessers am Korn, hat aber den unschätzbaren Vorteil, daß sie genetisch vergleichbare Resultate liefert.

Abrollungsgrad nach Szadecky-Kardoss

Es werden die prozentualen Anteile der Umrißlinie eines Korns nach konvex (V), planar (P) und konkav (C) ermittelt und entweder in der Form $Cx\ Py\ Vz$ (mit $x + y + z = 100$) tabellarisch oder durch Eintragung der erhaltenen Kennziffern im CVP-Dreieck graphisch zur Darstellung gebracht. Nach dem Verhältnis von C, P und V lassen sich 10 Abrollungsgrade unterscheiden, denen jeweils eines der abgegrenzten Felder in der Dreiecksprojektion zukommt. Dem Grade 0 entspräche dann ein Korn, das keinerlei Abrollung zeigt und von ausschließlich konkaver Umgrenzung, dem Grade 10 ein solches von kreisförmigem oder elliptischem Umriß.

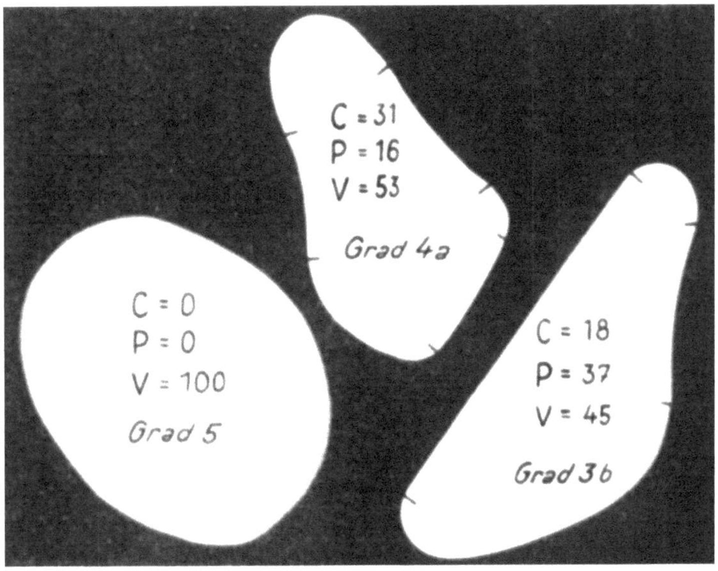

Abb. 70

Arbeitstechnisch wurde dabei so vorgegangen, daß die Gerölle in stabilster Lage – gewöhnlich der *ab*-Ebene entsprechend – auf Photopapier gelegt und senkrecht von oben belichtet wurden. Die auf diese Weise erhaltene Umrißlinie wird mit einem Kurvimeter umfahren, wobei die Werte der einzelnen Begrenzungselemente getrennt notiert und auf 100 umgerechnet werden müssen(Abb. 70).

Im CVP-Dreieck der Abb. 71 sind die Meßpunkte von 116 Porphyrgeröllen eingetragen, der größeren Deutlichkeit halber zu Großpunkten zusammengefaßt, proportional der Stückanzahl in den betreffenden Klassen. Die Häufung der Meßpunkte in den Klassen 3 und 4,

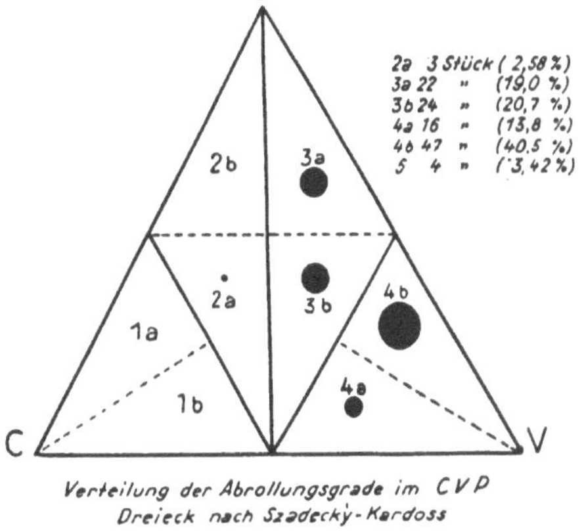

Abb. 71

mit dem starken Maximum in Unterklasse 4b, wäre beschreibend so zu deuten, daß in der Schotterprobe als Ganzes Gerölle mit konvexen Begrenzungsflächen durchaus vorherrschend sind, und innerhalb der nicht vorherrschenden Flächenarten die ebenen Flächen überwiegen. Der Befund ($V + P$) größer als C spricht dem Schotter auch insofern eine relativ hohe Abrollungsreife zu, als die ebenen Flächen als intermediäres Abrollungsstadium zur konvexen Endform hin betrachtet werden müssen.

Wie die nachfolgende Tabelle der Untersuchungsergebnisse an 72 Grauwacken und Schiefern zeigt, ergeben sich keine wesentlichen Unterschiede des Abrollungsgrades in bezug auf die Gesteinsart:

Grad	5 (= 10)	6%	Grad	2a	0°
,,	4a	14%	,,	2a	2%
,,	4b	29%	,,	1a	0%
,,	3a	33%	,,	1b	2%
,,	3b	14%	,,	0	0%

Beide Proben gehören der Grobkiesfraktion an mit dem Schwergewicht der Verteilung zwischen 2 und 6 cm.

Der Größenfaktor beeinflußt die Ergebnisse nach ZINGG nur spürbar in den Korngrößenklassen unterhalb 15 mm.

Zurundungsindex nach CAILLEUX

Diese wichtigste Größe für die vergleichende Auswertung morphometrisch untersuchter rezenter und fossiler Schotter wird bestimmt durch den Radius des mit der kleinsten Rundung am Geröll übereinstimmenden Kreises (= kleinster Krümmungsradius) und den größten Durchmesser.

Bei der Messung bedient man sich einer Radienscheibe mit 1 mm Kreislinienabstand, auf die die Gerölle mit ihrer *ab*-Ebene gelegt und von oben anvisiert werden. Die Meßwerte schwanken zwischen 0 und 1; die nur theoretisch möglichen Grenzwerte würden also der Zurundung eines Würfels bzw. der Kugel entsprechen.

Im Blockdiagramm Nr. 72 sind die gewonnenen Werte, um ganze Zahlen zu erhalten, mit 1000 multipliziert und in Gruppen zu je 50 auf der Abszisse, die zugehörigen Stückzahlen als Mengenprozente auf der Ordinate abgetragen.

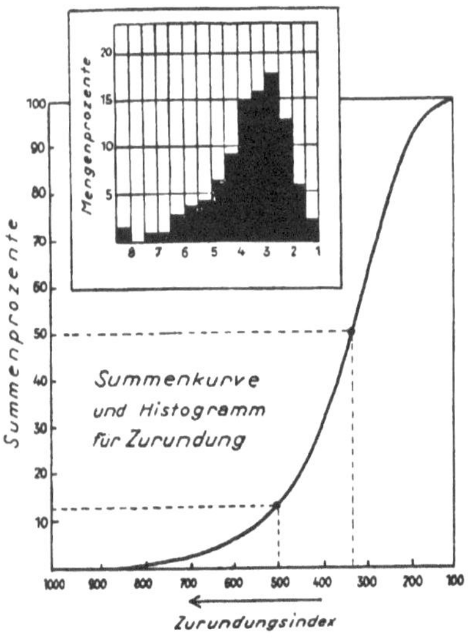

Abb. 72

In den unteren Gruppen, also etwa 1–100, ist dann der noch relativ scharfkantige Anteil des Geröllmaterials zu suchen, frischverwitterter Gesteinsdetritus oder eben zerbrochener Schotter von höherem Rundungsindex; in den oberen Gruppen, von 500 an aufwärts, der gutgerundete, zur Kugelform tendierende Geröllanteil.

Blockdiagramm und Summenkurve stellen sozusagen ein Stadium des statistischen Gleichgewichtes dar zwischen Zerbruch und damit der Schaffung neuer, tiefer Indices einerseits (Turbulenz der Wasserbewegung), der Tendenz zur ungestörten Entwicklung immer höherer Zurundungswerte (Abrieb durch Sandschliff) andererseits (POSER u. HÖVERMANN 1951).

Wie die Untersuchungen von POSER, HÖVERMANN, TRICART und SCHAEFFER ergeben haben, ist das Verhältnis von Zerbruch zu Abrundung weitgehend unabhängig von der Länge des Transportweges; der Zurundungsindex eines Schotters läßt sich also nur in sehr beschränktem Umfang bei der Diskussion um ein mögliches Einzugsgebiet bzw. der Entfernung zum Einzugsgebiet auswerten.

Die dem vorliegenden Histogramm und der Summenkurve zu entnehmenden Daten, gewonnen aus 140 Porphyr- und Granitgeröllen der Größenordnung 2–6 cm (Schwerpunkt zwischen 3 und 5 cm) sind in Abschnitt 10 aufgeführt.

10. Korngröße

Es wurde schon im Zusammenhang mit den quantitativen Angaben über den Gesteinsinhalt auf die Schwierigkeiten hingewiesen, bei stark verfestigten Trümmergesteinen, die nur einer zweidimensionalen Behandlung im Dünnschliff oder Anschliff zugänglich sind, ein unverfälschtes Bild der wirklichen Korngrößenverteilung zu erhalten.

Dem besonderen Charakter eines so heterogenen Korngrößengemisches wie das untersuchte Konglomerat, wird, in der Wahl der anzuwendenden Methode, am besten das von Reinhard Helmbold in seiner Arbeit über die Petrographie der Tanner Grauwacken entwickelten Verfahren gerecht, bei dem ebenso wie zur Ermittlung des qualitativen Geröllbestandes, das Prinzip der Rosiwalmethode auch zur Abschätzung der Korngrößenverteilung in Anwendung kommt.

Es erweist sich dabei nach Helmbold als zweckmäßig, die Rosiwalsche Methode zu unterteilen, d. h. nicht alle Körner gleichzeitig zu messen, sondern für große Körner eine große Meßstrecke, für die kleinsten eine stark abgekürzte Meßstrecke zu durchfahren. Die Korngröße wird dabei definiert als die Länge des durch das Korn verlaufenden Abschnittes der Meßlinie, und die Gesamtlänge der jeweils einer bestimmten Größenklasse zugeordneten Indikatrix ist gegeben durch die Strecke, die durchmessen werden muß, um eine statistisch ausreichende Anzahl Körner (im vorliegenden Fall etwa 150 Stück pro Klasse) der jeweiligen Größenordnung zu registrieren. Der Gang der Messung und Berechnung, sowie die mathematischen Grundlagen sind ausführlich in der zitierten Arbeit beschrieben.

Auch die mit Hilfe dieser Methode gewonnenen Ergebnisse sind nur als Schätzwerte der wirklichen Korngrößenverteilung anzusehen und bedürfen einer Korrektur (P. Schneiderhöhn 1953). Da noch keine völlig befriedigende Lösung dieses Problems gefunden worden ist (Verkleinerungseffekt nach P. Schneiderhöhn versus Vergrößerungseffekte bei willkürlich durch das Gestein gelegten Schnittgeraden), wurde im vorliegenden Fall von einer Korrektur der Meßwerte abgesehen.

Die histogrammetrische Darstellung der Korngrößenverteilung in Diagramm 73 beginnt aus den schon erörterten Gründen in der unteren Grobkiesfraktion und schließt noch ein die untere Grenze der Feinsandfraktion. Die absoluten Prozentsätze in den vier kleinsten Klassen sind so gering, daß sie zu einer Doppelgruppe zusammengefaßt werden mußten, um bei dem verwendeten Maßstab überhaupt noch graphisch in Erscheinung zu treten. Die Untersuchung jenseits dieser unteren Grenze von 20 μ fortzusetzen, ist deshalb wenig sinnvoll, abgesehen von der sich bei stärkster Vergrößerung ergebenden Schwierigkeit, primär klastischen Mineraldetritus von authigenen Neubildungen zu unterscheiden.

Das Hauptmaximum in der Grobsandfraktion ist Ausdruck der bereits im Verhältnis Komponente/Matrix angezeigten ziemlich „lockeren" Geröllpackung. Das sekundäre Maximum in der untersten Grobkiesfraktion dürfte seine Lage nur wenig verändern, auch bei Vorhandensein einer statistisch ausreichenden Anzahl von Messungen aus den höheren Klassen: Die Verteilung von 316 präparierten Geröllen dieser Größenordnung, deren Äquivalent-

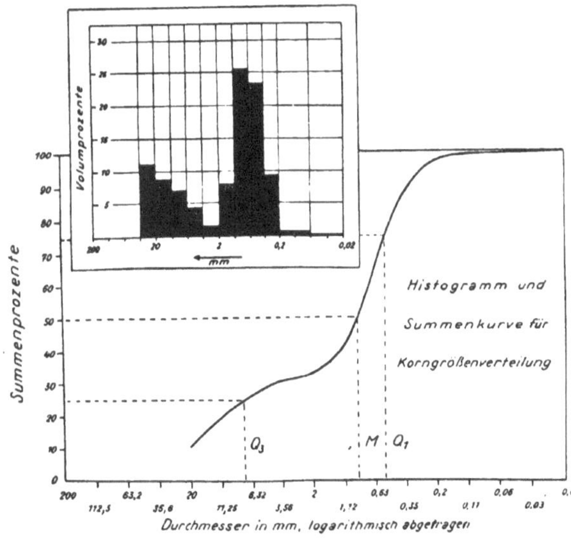

Abb. 73

durchmesser (= Durchmesser einer volumengleichen Kugel) bestimmt werden konnte, läßt das Maximum gleichfalls zwischen 35,6 und 20 mm vermuten.

Die Ausbildung eines zweiten Maximums und die große Zahl der stärker belegten Größenklassen – der Sandanteil erscheint dabei besser sortiert als der Kiesanteil – ist kennzeichnend für ein wenig gut aufbereitetes Sediment.

Die drei statistischen Hauptparameter, Medianwert, erstes und zweites Quartilmaß, lassen sich bequem aus der eingezeichneten Summenkurve ablesen. Der Medianwert ist hier praktisch bedeutungslos, da er, bei der charakteristischen Zweigipfeligkeit des Diagramms, weder typisch für die Sande, noch für die Kiese ist. Die Quartilwerte Q_1 und Q_3, d. h. die mit der 25 % bzw. 75 %-Linie verknüpften repräsentativen Korndurchmesser, werden zur numerischen Fixierung des Sortierungskoeffizienten benötigt, der sich nach Q_3/Q_1 zu 3,7 ergibt.

11. Auswertung der Meßergebnisse

Es leuchtet ein, daß die Beziehungen zwischen den äußeren Bildungsbedingungen eines Schotters einerseits, den primären Gesteinseigenschaften andererseits, sehr komplex sind. Die umfangreichsten Untersuchungen dieser Art an rezenten Schottern der verschiedensten Bildungsbedingungen und Klimate sind von CAILLEUX und seinen Schülern vorgenommen worden. Was immer sich kritisch gegen die Methoden von CAILLEUX in bezug auf ihre mathematischen Grundlagen einwenden ließe (vgl. die oben zitierte Arbeit von P. SCHNEIDERHÖHN), so ist zu bemerken, daß es vorläufig, um überhaupt eine erste Diskussion über den genetischen Aussagewert der Formeigenschaften zu ermöglichen, nicht so sehr auf eine große Exaktheit im streng mathematischen Sinne ankommt, als vielmehr auf die Anwendung der gleichen Methode bei allen morphometrischen Untersuchungen. Zudem haben die Methoden von CAILLEUX, gegenüber den genaueren amerikanischen Methoden (WADEL z. B.), den großen Vorteil, daß sie in der Handhabe einfach genug sind, um schon im Gelände angewendet zu werden.

Die Brauchbarkeit dieser Methoden zur Klärung klimatisch-morphologischer Fragen der jüngeren erdgeschichtlichen Vergangenheit kann als erwiesen betrachtet werden (K. RICHTER, POSER und HÖVERMANN, TRICART und SCHAEFFER). Über die Gültigkeit ihrer Aussage auch für stark verfestigte paläozoische Konglomerate, läßt sich wegen des Unsicherheitsfaktors einer metamorphen Entstellung, vorläufig noch nichts sagen.

a) Abplattung und Dissymmetrie

Eine vergleichende Betrachtung der Formverteilung in den *Zinggschen Quadraten* zeigt zunächst den Unterschied in der Formung kristalliner und sedimentärer Komponenten auf. Die mittleren Achsenverhältnisse c/b (abgeplattet – nicht abgeplattet) und b/a (isometrisch –

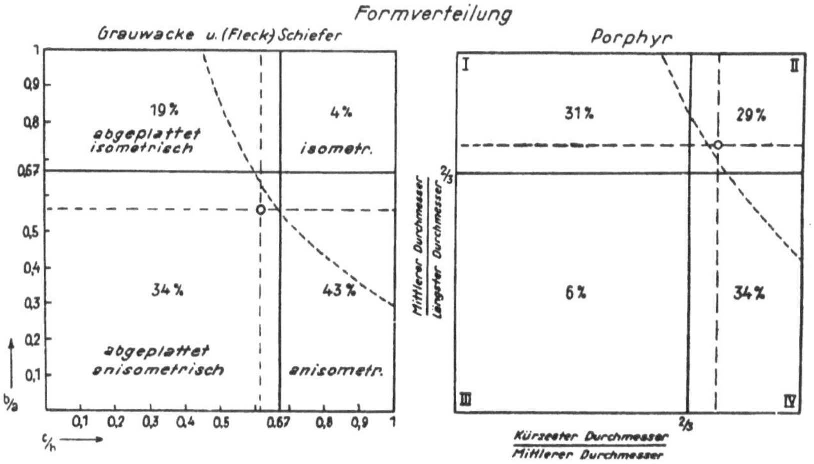

Abb. 74. Koordinaten der mittleren Achsenverhältnisse für Porphyr und Grauwacke mit zugehöriger mittlerer Abplattung

nicht isometrisch) lassen jedoch bei beiden Komponenten deutlich die Tendenz nach wenig abgeplattet bzw. wenig anisometrisch erkennen.

Als mittlere Form für die Gesamtheit der Gerölle wäre danach ein nur wenig gestrecktes und noch weniger abgeplattetes Ellipsoid anzusehen. Der Verlauf der in die Diagramme projizierten Abplattungskurven mit den Koordinaten a/c und b/c unterstreicht diesen Befund (Abb. 74).

Der Aussagewert dieser Feststellung für die (sekundäre) Deformation des Gesamtkonglomerats ist evident. Da anzunehmen ist, daß die ursprünglichen, tektonisch also noch unverzerrten Achsenverhältnisse, nicht wesentlich mehr nach „isometrisch-unabgeplattet" konvergieren können, muß der formändernde Einfluß der Deformation jedenfalls nur sehr gering gewesen sein, darf also bei der Auswertung der überlieferten Struktureigenschaften als praktisch bedeutungslos vernachlässigt werden.

Zu erklären ist die tektonische Schonlage, in der sich das Konglomerat danach befindet, durch seine Einschlichtung in die mächtige Schalsteinschieferfolge, wobei zur Aufnahme noch möglicher Relativbewegungen vornehmlich die Schichtflächen aus der Zone der Wechsellagerung in Betracht kamen (vgl. Abb. 2).

Was die nunmehr als primär vorhanden anzusehende Texturbesonderheit der Konglomerate anbelangt, die Regelung und Neigung walzenförmiger Gerölle nach NNO, so ist der Schichtenanschnitt zu klein, als daß sich darauf der Verlauf der Strandlinie im Falle eines litoralen Milieus oder die Strömungsrichtung im Falle fluviatilen Transportes rekonstruieren ließe.

Interessant sind aber Vergleiche mit den von Cailleux gegebenen Richtzahlen (extrapoliert aus mehreren tausend Analysen rezenter Schotter) für den Abplattungsindex mariner und fluviatiler Gerölle. So zeigt nach Cailleux bei massigen, dichten bis feinkörnigen Eruptivgesteinen der untersuchten Größenordnung, ein kleinerer Index als 2,1 immer fluviatile Formgebung an (: Für Rhein, Rhone und Seine schwanken z. B. die Werte zwischen 1,7 und 1,9; die entsprechenden, von gleichartigen Strandschottern gewonnenen Werte liegen zwischen 2,3 und 2,8).

In die gleiche Richtung, einer fluviatilen Einformung nämlich der Konglomeratkomponenten, weisen die Vergleichswerte für die an Flußschottern beobachteten Dissymmetrieverhältnisse:

	Richtzahlzahlen nach CAILLEUX (Roches microlitiques et porphyriques)			Untersuchungsbefund (dichte Porphyre)	
	3–4 cm	5 cm	8 cm	3–4 cm	2–8 cm
marin	0,550	0,56	0,58		
fluviatil	0,580	0,600	—	0,589	0,600

Ohne Ausnahme erreichen auch andere Gesteinsarten, wie Kalk, Kieselschiefer usw. in mariner Umgebung (stärkere mechanische Abnutzung: Größere Abplattung also gekoppelt mit geringer Asymmetrie) einen höheren Symmetriegrad (Dissymmetrieindex variiert zwischen 0,5 (= symmetrisch) und 1,0 (= extrem asymmetrisch).

b) Zurundung

Von viel weniger verbindlichem Aussagewert hinsichtlich der Einordnung in das eine oder andere Lithotop sind die ermittelten Meßwerte für die Zurundungsverhältnisse.

Durchweg sind Strandschotter (größere Formungsintensität des in zwei Richtungen wirksamen Wellenganges) besser zugerundet als Flußschotter. TRICART und SCHAEFFER glauben mit Sicherheit dann auf marine Bildungsbedingungen schließen zu dürfen, wenn sich die ermittelten Meßwerte (wieder nach Zahl- und Größenordnung auf die im methodischen Teil angegebenen Mengen zugeschnitten) folgendem Schema einfügen (in Klammern eigene Meßwerte):

Lage des Maximums	Prozentanteil gut zugerundet mit Index größer als 500	Prozentanteil schlecht zugerundet mit Index kleiner als 100
300	> 10%	< 10%
(300–250)	(13%)	(0%)

Gelingt es mit Hilfe dieser Regelwerte auch Küstenschotter z. B. von Ablagerungen der Flußsysteme des Flach- und Hügellandes eindeutig abzutrennen, so überschneiden sich doch (vgl. Abb. 75) die Zurundungswerte von Flußsystemen stärkster Formungsenergie (Wildbäche und Schmelzwasserströme, starkes Gefälle bzw. hohe Sandfracht der Gletscherbäche) mit den Zurundungswerten einer nur schwach marinen Formgebung. Die Deutung der vorliegenden Histogrammform würde also vorerst auf die Alternative schwach marin oder stark fluviatil hinauslaufen.

Von Bedeutung sind in diesem Zusammenhang die Rundungsverhältnisse der Nichtporphyre unter den Geröllkomponenten. Nach dem Augenmaß zu urteilen, lassen sich sämtliche Komponenten, und zwar aller Größenklassen, zwanglos in die Gruppen

völlig ungerundet	deutlich abgerundet
Quarzkeratophyr	Granit
Tonschiefer	Porphyr
Diabase z. T.	Grauwacke

einordnen.

Man ist geneigt, diese Unterschiede durch unterschiedliche Transportlängen zu erklären. Nach dem übereinstimmenden Zeugnis aller bisher genannten Autoren erreicht aber eine Schuttmasse schon nach etwa 5 km Transportlänge das Maximum der unter den gegebenen Verhältnissen möglichen Zurundung. Die Annahme erscheint berechtigt, die Quarzkeratophyre als aus nächster Nähe geschüttet zu betrachten und die Tonschiefer- und Diabas-

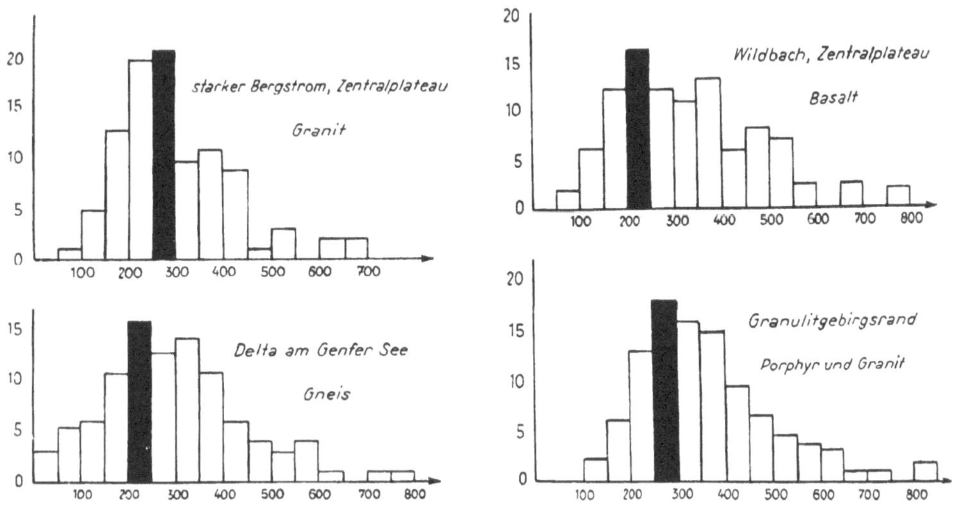

Zurundungsdiagramme rezenter Bergstromschotter
und des untersuchten Konglomerats
(Diagramm 1–3 nach Cailleux)

Abb. 75

scherben als -fluviatil- aufgearbeitetes Basismaterial anzusehen aus dem unmittelbar Liegenden oder Hangenden der Konglomerate.

Auf jeden Fall ist das Nebeneinander so konträrer Rundungsunterschiede nur schwer mit normalen litoralen Bildungsbedingungen in Einklang zu bringen.

c) Korngrößenverteilung

Wiederholt wurde schon darauf hingewiesen, daß sich mit der Integrationsmethode die Korngrößenverteilung zwar statistisch hinreichend genau erfassen läßt, nicht aber die für die Beurteilung der Transportenergie bzw. der Transportlänge wichtigen Maximalkorngrößen der oberen Grobkies- und Blockfraktion (größer als 200 mm größter Durchmesser).

Ergänzend sei hierzu bemerkt, daß die absolut größten Dimensionen von 40×17 cm an einem Granitporphyrgeröll (= Graphophyrgranit = deformierter Granit) beobachtet wurde, das überdies nur als walzenförmiges Fragment vorlag. Überkopfgroße Kugeln solcher Granite sind nicht allzu selten. Für die unter den gröbsten Komponenten außerordentlich häufigen Rhyolithe sind die Durchmesser von etwa $20 \times 13 \times 8$ cm recht charakteristisch. Unter den Sedimenten fallen handtellergroße Tonschieferflatschen auf und die Maße für das größte gemessene Hornfelsfragment betrugen 14×6 cm.

Überaus bezeichnend und jedenfalls zurückzuführen auf eine stark wechselnde Turbulenz in der Wasserbewegung ist die linsenförmige Einbettung von 4 bis 6 dieser größeren Gerölle in eine völlig geröllfreie Grundmasse.

Dieser Beobachtungsbefund unterstützt aber nur die schon messend gewonnenen, für den beschränkten Korngrößenbereich der Integration gültigen Feststellungen. Der Sortierungskoeffizient von 3,7 muß als kennzeichnend für eine ziemlich schlechte Aufarbeitung angesehen werden, nachdem die Vergleichszahlen für Sedimente mit guter und sehr guter Aufbereitung (rezente Strandschotter, marine Sande und Dünen) immer unter 2,5 liegen und ein höherer Index als 4,5 nur von Sedimenten glazialer Abkunft (Geschiebemergel) bekannt geworden

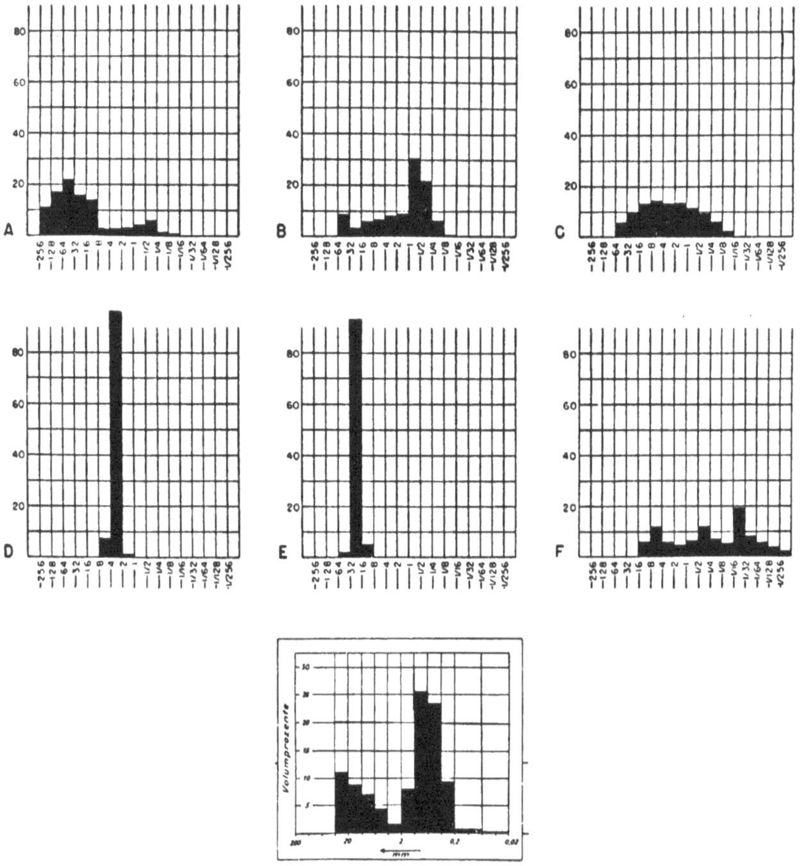

Abb. 76. Histogrammetrische Korngrößenverteilung des untersuchten Konglomerats (unten) in Vergleich mit sechs Histogrammen von rezenten Schottern.

Diagramm *A–F* aus PETTIJOHN, Sedimentary Rocks.

ist; der Index 3 gilt als normal für das dazwischenliegende breite Feld der „moderately sorted sediments" vorwiegend fluviatiler Aufbereitung.

Die eben aufgezeigten Verhältnisse, der große Streubereich nämlich in der Verteilung der Korngrößen, finden graphisch ihren Ausdruck in dem bikonvexen Verlauf der Summenkurve und der charakteristischen Zweigipfeligkeit des Histogramms.

Bei dem Vergleich mit entsprechenden Schaubildern von rezenten Schottern verschiedener Bildungsbedingungen, die keineswegs ausgewählt, sondern als typisch in der Formgebung angesehen werden müssen, fällt die große Ähnlichkeit in der histogrammetrischen Korngrößenverteilung auf mit den „fluviatilen" Diagrammen A und B (obere Reihe). Diagramm D und E sind Bilder, wie sie von Strandschottern mariner oder lacustriner Entstehung zu erwarten sind, während Diagramm F der Korngrößenverteilung in einer Moräne entspricht.

Ganz allgemein zeichnet sich nach PETTIJOHN (das vorliegende Diagramm könnte als Musterbeispiel dafür gelten) die Histogrammform fluviatiler Schotter vor solchen mariner Formgebung durch die folgenden Eigentümlichkeiten aus:

1. Bimodaler Charakter des Blockdiagramms mit dem Hauptmaximum entweder im Sand- oder im Kiesanteil, entsprechend einem bikonvexen Verlauf der Summenkurve.

2. Verteilung auf einen großen Korngrößenbereich mit besserer Aufbereitung in der Sandfraktion als in der Kiesfraktion.
3. Unterbesetzung in den Größenklassen zwischen 2 und 4 mm.

Es bedarf jedoch der Berücksichtigung noch anderer Faktoren, um aus der frappanten Ähnlichkeit mit Sedimenten eines fluviatilen Aufbereitungsgrades, wie sie sich aus der Anwendung dieser Kriterien auf den vorliegenden Fall ergibt, auch auf eine rein terrestrische Entstehungsweise der Konglomerate schließen zu dürfen.

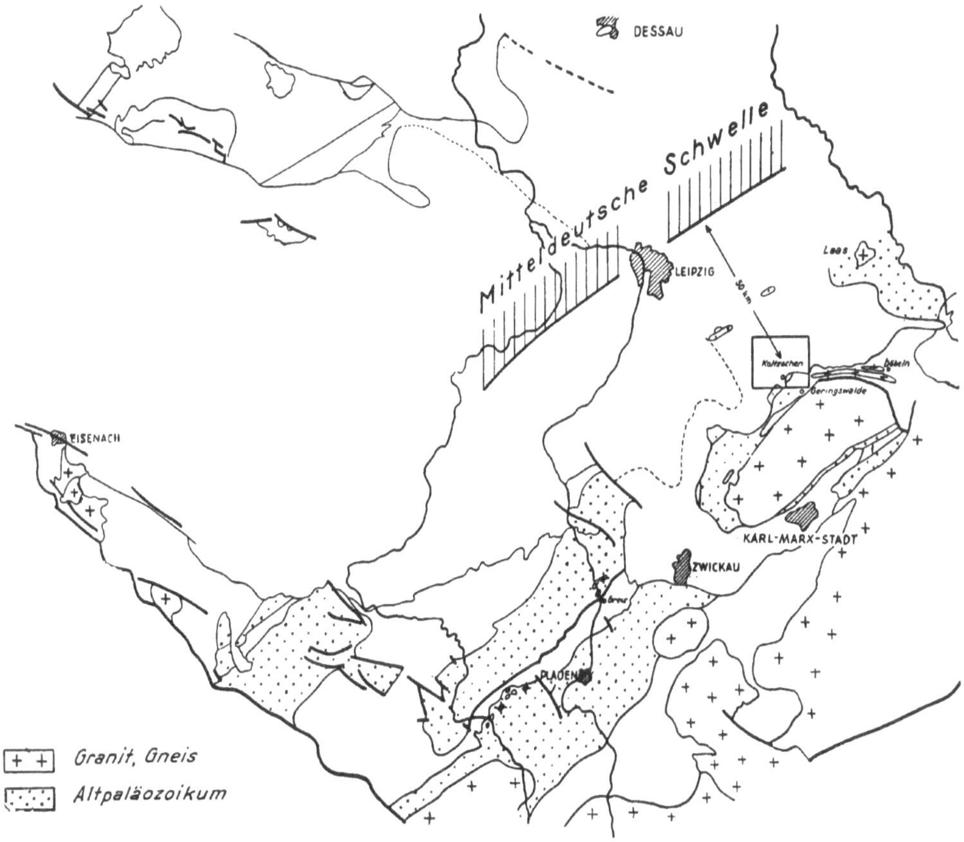

Abb. 77. Nach Vorlagen von PIETZSCH und SCHÜLLER gezeichnet

V. Bildungsgeschichte des Konglomerats

12. *Entstehungsweise*

Zunächst sollen noch einmal die in Kapitel II, Abschnitt 4 (Lagerungsverhältnisse) gewonnenen, bildungsgeschichtlich bedeutsamen Ergebnisse zusammengestellt werden:

1. Das Konglomerat ist einseitig konkordant einer Schalsteinschieferfolge zwischengeschaltet. Fossileinschlüsse (Korallen) in diesen Schalsteinen und die gelegentlich eingelagerten Kalksteinbänke (jedenfalls organogene Schwellenfazies) beweisen den submarinen Charakter dieser Ablagerungen.
2. Dem Gesteinsinhalt nach hat das Konglomerat ausgesprochen polymikte Zusammensetzung. Die Mächtigkeit der gröberes Geröll führenden Lagen ist mit mindestens 10 m zu veranschlagen.
3. Die Korngröße nimmt vom Liegenden nach dem Hangenden zu, entsprechend einer vertikalen Aufeinanderfolge der Tiefenzonen

Liegendes	tiefer neritisch
	seichter ,,
Hangendes	Litoral
	tiefer neritisch

4. Der tektonische Befund liefert keinen eindeutigen Beweis für umgekehrte Schichtenfolge.

Die grobes Geröll führenden Hangendschichten lassen dann zwei Möglichkeiten der Deutung offen:

a) Das Konglomerat ist als Küstensaumbildung anzusehen. Das vertikale Profil bildet den Teilzyklus Regression → Emersion im Gefolge eines sinkenden Wasserspiegels ab (normale Lagerungsverhältnisse).

b) Das Konglomerat ist ein Produkt fluviatiler Aufschotterung. Das vertikale Profil ist als schuttkegelförmige Deltaschüttung mit interner Absatzsaigerung aufzufassen (überkippte Lagerungsverhältnisse).

Unerklärt bleibt im Falle a) der unvermittelte Übergang im Hangenden der Konglomerate (Gesetz von der Korrelation der Fazies, strenge Verwirklichung desselben im Liegenden der Konglomerate). Gegen die Auffassung des Konglomerats als Küstensaumbildung sprechen außerdem alle in Kapitel IV (Strukturanalyse) gesammelten Daten. Insbesondere sind es die auf den Hangendkontakt beschränkten Tonschieferflatschen und Diabasscherben, die auf den Hangendschalstein als Basis hinweisen. Eine gewisse Nötigung (keineswegs zwingend) überkippte Lagerungsverhältnisse für wahrscheinlich zu halten, ist vor allem auch in der Tatsache begründet, daß die völlig ungerundeten Quarzkeratophyre ganz den anstehenden Quarzkeratophyren von Lastau gleichen (2 km südwestlich des Konglomerats).

Letztlich beweisend für umgekehrte Schichtenfolge ist jedoch der strukturanalytische Befund allein nicht. Eine Abweichung von der oben erwähnten Faziesregel in Zeiten verstärkter epirogenetischer Bewegungen erscheint möglich, wiewohl eben der besondere Charakter der

Schuttmasse nur schwer mit der Vorstellung einer transgressiven Auflagerung des Hangendschalstein in Einklang zu bringen ist. Die Zeitmarke Emersion/Transgression würde dann in der Mitte etwa der grobes Geröll führenden Lagen zurückzuverlegen sein.

Es mag erlaubt sein, sich den Vorgang des Sedimentationsgeschehens wie folgt vorzustellen:

Eine schon als Schwelle vorliegende alte Scholle erfährt eine episodisch kurze aber kräftige Aufwölbung, so daß erst jüngst abgelagerte Schichten (Tonschiefer, Schalstein, Dolomit(?)) über die Erosionsbasis hinausgehoben werden. Die gleichzeitig damit einsetzende Denudation entblößt das aufsteigende Festland bis auf seinen magmatischen Intrusionskern. Von der Abtragung zuerst betroffen werden die (teilweise kontaktmetamorphen) Hüllsedimente und Oberflächen- bzw. oberflächennahe Gesteine (Rhyolithe, Graphophyrgranite). Durch die Tiefenerosion noch eben angeschürft zeigen sich klein- bis mittelkörnige, graphophyrstrukturfreie Eugranite. Die epirogenetische Hochbewegung kommt damit zum Stillstand und eine Umkehr der Bewegungsrichtung tritt ein.

Vom Küstenhochland herabkommende starke Bergwasser, bei der Einmündung ins Meer abrupt an Gefälle verlierend, breiten den Schutt fächerartig über den Schelf des alten Sockels aus. Der fortschreitenden Einebnung des Abtragungsgebietes entsprechend klingt die „tektonische" Sedimentation aus in dem Wechsel (Pendeln der Strandlinie) von Arkose und sandigem Schiefer.

Die Maximalkorngrößen aller beteiligten Komponenten sprechen für einen relativ kurzen Transportweg auch der gutgerundeten Gerölle.

13. Das Herkunftsgebiet der Konglomerate

Geologisch wichtiger noch als Untersuchungen über das *Wie* des Transportes und der Ablagerungen eines Schotters, ist die Beantwortung der Frage nach dem *Woher* der Schotterkomponenten. Erst eine befriedigende Lösung dieses Problems rechtfertigt den ganzen Arbeitsaufwand einer so speziellen Konglomeratbearbeitung wie der vorliegenden.

Die bisherigen Ergebnisse sind diesbezüglich jedoch dürftig. Die folgenden Erörterungen sind deshalb und gerade im Hinblick auf die konglomeratischen Hauptkomponente, die Graphophyrgranite, von allgemeinerer Natur, als das wünschenswert gewesen wäre.

Als mögliche Einzugsgebiete mußten in Betracht gezogen werden

1. die nächste Umgebung des Ablagerungsraumes,
2. die alten varistischen Strukturen im Norden, der Nordsächsische Sattel, und im Süden, das Granulitgebirge.

A. Die Beziehungen der Geröllkomponenten zu anstehenden Gesteinen des Nordsächsischen Sattels

Von vornherein lag es nahe, einen Teil der sedimentären Komponenten, die schwach kontaktmetamorphen Fleckschiefer und Grauwacken, mit den ebenfalls nur schwach metamorphen Kontaktgesteinen bei Leipzig in Verbindung zu bringen. In der Tat zeigen beide Gesteine, wie in Abschnitt 8 dargelegt, eine bemerkenswerte Übereinstimmung in Struktur, Mineralbestand und thermischem Verhalten. Abgesehen davon, daß bei so ubiquitären Sedimenten wie Grauwacken die petrographische Übereinstimmung allein noch kein Beweis auch für die geologische Identität ist, steht der Ableitung der Geröllgrauwacken aus dem Norden im Wege, daß sich definitiv keine Beziehungen herstellen lassen zwischen den magmatischen, eugranitischen Geröllkomponenten und dem im Untergrund von Leipzig anstehenden Granit[1]), der doch offenbar die auflagernden Grauwacken kontaktmetamorph veränderte. Das gleiche gilt für die Graniteinschlüsse im Pyroxenquarzporphyr von Beucha bei Leipzig. Im untersuchten Konglomerat finden sich Kontaktschiefer neben granitischen Komponenten. Es ist anzunehmen, daß dabei Hüllsediment und Tiefengesteine einander entsprechen und gleichzeitig, wenn auch in unterschiedlichem Maße, erodiert wurden.

Der in die Untersuchungen mit einbezogene anstehende Granit von Otterwisch (vgl. Übersichtskarte) scheidet ebenfalls als Lieferantgestein aus. Das äußerlich stark verwitterte, im Schliff aber frische Gestein ist ein mittelkörniger Biotitgrant vom Aussehen normaler varistischer Granite, unbeansprucht und mit einem entsprechenden höheren Mafitengehalt als die Geröllgranite.

Im Bereich des Nordsächsischen Sattels ist also ein dem spezifischen Charakter der Granitgerölle entsprechendes Gestein, rot- und mafitenarm bzw. graphisch struiert, nicht nachzuweisen, auch nicht, wie die Leipziger Tiefbohrungen zeigen, in größerer Tiefe anstehend zu erwarten.

Aufs engste mit diesen Fragen verknüpft ist das Problem der Mitteldeutschen Schwelle im nordsächsischen Raum. Der Schwellencharakter dieser Struktur an der Grenze Devon/Karbon läßt sich jedenfalls aus dem Geröllinhalt nicht beweisen.

B. Die Beziehungen der Geröllkomponenten zu anstehenden Gesteinen des Granulitgebirges

Die Einbeziehung der granulitgebirgischen Gesteinseinheiten in die Untersuchungen war nicht möglich. Mit Sicherheit läßt sich vorläufig nur sagen, daß das Kerngestein selbst im Geröllbestand nicht vertreten ist. Die räumliche Nähe von Konglomerat und Granulitkuppel schließen die Möglichkeit aus, daß die Nichtnachweisbarkeit im Geröllbestand Zufall ist. Als Geröll tritt der Granulit erstmals im Oberkarbon von Zwickau auf (PIETZSCH 1951), war also im Oberdevon als solcher noch nicht vorhanden oder von der Erosion noch nicht angeschnitten (Heraushebung der Granulitgebirgskugel erst im Gefolge der Sudetischen Phase). Offen bleibt die Frage, welcher Art die Deckschichten des Granulits gewesen sein mögen und wie beschaffen man sich eine nichtkatazonal überprägte „Randfazies“ des Granulites vorzustellen hat.

Mögliche Beziehungen bestehen zum Serizitgneis von Döbeln. Nach einem ersten und noch nicht quantitativ unterbauten Dünnschliffvergleich bestehen Zusammenhänge zwischen diesem und dem pegmatitähnlichen Geröllgranittypus.

Von größter Bedeutung erscheint mir in diesem Zusammenhang die Frage, ob die Münchberger Gneismasse (kristalline Schiefer der Münchberger Masse schon im Kulm aufgearbeitet!, EIGENFELD 1953) oder der Bergaer Sattel als die Fortsetzung des Granulitgebirges nach Südwesten aufzufassen sind. An der Übereinstimmung der westsächsischen Oberdevonkonglomerate mit dem hier behandelten ostsächsisohen Vorkommen ist nicht zu zweifeln. Schon EIGENFELD, dem das Koltzschener Konglomerat unbekannt war, erwägt den Gedanken einer Fortsetzung des Hirschberg-Greizer-Antiklinalzuges nach NO und einer möglichen Verbindung zum Döbelner Serizitgneis. Nach PIETZSCH sollte jedoch die Fortsetzung des Granulitgebirges, unter sigmoidaler Achsenverbiegung nach Norden, im Bergaer Sattel zu suchen sein. Trifft diese Behauptung zu, müßte der Hirschberger Zug seine streichende Fortsetzung südlich des Granulitgebirges haben.

[1]) Das Leipziger Belegmaterial, Granit und Grauwacken, verdanke ich noch dem früh verstorbenen Dipl.Geol. P. ENGERT aus Leipzig.

C. Die Beziehungen der Geröllkomponenten zu anstehenden Gesteinen des Ablagerungsraumes

Auf noch anstehende Gesteine des Ablagerungsraumes direkt zurückzuführen sind Dolomit, Diabas und Quarzkeratophyr. Mit größter Wahrscheinlichkeit aus nächster Nähe geschüttet wurden Tonschiefer, Trachyt und basische Gläser. Materialbeschaffenheit, Größe und Ungeformtheit schließen bei diesen Gesteinen einen längeren Transport aus.

Es wurde erwähnt, daß Beziehungen zwischen dem Lastauer Quarzkeratophyr und der Graphophyrgranitserie bestehen. Bleiben diese Beziehungen unberücksichtigt, ist das Lastauer Gestein als saures Differentiat der ophiolitischen Diabasserie aufzufassen. Von Bedeutung wäre dann nur, daß der initiale Keratophyrvulkanismus in Sachsen schon im Oberdevon einsetzt und nicht, wie neuerdings angenommen, ins Unterkarbon gehört. Die fatale petrographische Gleichheit der Lastauer Porphyre aber mit nachweisbar der Graphophyrfamilie zugehörigen Effusiva – es müßte wohl ein einzigartiger Zufall sein, wenn ein Effusivgestein mit einem Dutzend spezifischer Merkmale gerade dort mit einer Strukturausbildung einsetzt, in die ein zeit- und ortsfremdes Intrusivgestein mit dem gleichen Dutzend Besonderheiten ausgestattet, nach oben hin übergehen müßte – führt zu einem Dilemma: Entweder der Lastauer Porphyr ist prävaristischer Magmatit (bei aller subjektiven Überzeugung an der Identität beider Gesteine wage ich das objektiv, nach dem petrographischen Befund allein, nicht zu entscheiden), oder die Intrusion der Graphophyrgranite selbst fällt noch ins Devon, wofür erst recht kein Anhaltspunkt vorliegt.

Es mag in diesem Zusammenhang erwähnt sein, daß unter den sehr heterogen zusammengesetzten klassischen Keratophyren der Gegend von Hof, sich gröberkörnige, von EIGENFELD als mylonitisch veränderte Graphophyrgranite, von EBERT[1]) neuerdings als Quarzsyenite bezeichnete Gesteine finden. Weitere Keratophyrglieder der Randschieferserie von Hof sind Diabase und Trachyte, mit den gleichen petrographischen Merkmalen wie die Gerölldiabase und die Gerölltrachyte (z. B. albitisierte Rhombenfeldspäte). EBERT spricht sich für ein kambrisches Alter dieser Gesteine aus.

Die hier angeschnittenen Fragen bedürfen einer weiteren Klärung, da auch in der Ausbildung der Sedimente des Untersuchungsgebietes eher Beziehungen zur Bayrischen Fazies als zur Vogtländischen Fazies bestehen (Dolomit und Rotschiefer).

---

[1]) EBERT, H.: Zur Kenntnis der Keratophyre von Hof, Neues Jb. f. Min., Abh. 82, 1951.

VI. Zusammenfassung

Oberdevonischen Schalsteinen der nördlichen Schieferhülle des Granulitgebirges sind bei Koltzschen Konglomerate eingelagert. Als Ergebnis der Untersuchung dieses Konglomerats nach Verbandverhältnissen, Geröllinhalt und Bildungsgeschichte sind zu verzeichnen:

1. Lagerungsverhältnisse

a) Das Konglomerat ist einseitig konkordant mit gestörtem Hangendkontakt einer Schalsteinserie eingelagert, deren Alter als tiefoberdevonisch (Manticoceras Stufe) angesehen wird.

b) Der Lastauer Quarzkeratophyr, der bisher als das jüngste Glied der Schalsteinserie angesehen wurde, liegt bereits aufgearbeitet als Konglomeratkomponente vor. Da eine Altersumdatierung (Kulm etwa) des fossilführenden Schalsteinkomplexes nicht angängig ist, das Konglomerat in jedem Falle jünger als seine Geröllkomponenten ist, muß der Lastauer Quarzkeratophyr älter als tiefoberdevonisch sein.

2. Gesteinsinhalt

An der Zusammensetzung der Konglomerate sind Eruptivgesteine mit 82 % und Sedimentgesteine mit 18 % beteiligt. Kristalline Schiefer fehlen in den Geröllen.

a) Die Eruptivgesteine setzen sich in der sauren Abfolge aus Gliedern einer granitisch-quarzporphyrischen und granodioritisch-porphyritischen Reihe zusammen. Intrusiva und Effusiva sind durch lückenlose Übergänge miteinander verknüpft. Es spricht alles dafür, daß die Oberflächengesteine dieser Reihe nur eine Strukturfazies des gleichen granitischen Kernmagmas sind. Zur basischen Abfolge gehören diabasähnliche, überwiegend aber orthoklasführende Gesteine (Trachyt).

b) Die Sedimentgesteine werden durch Grauwacken und Tonschiefer, je zur Hälfte in Hornfelsfazies vorliegend, vertreten. Selten sind Gerölle von Dolomit und quarzitischem Sandstein. Bemerkenswert ist das Fehlen von Kieselschiefern und Gangquarzgeröllen.

3. Bildungsgeschichte

a) Das Konglomerat zeigt nichtmarinen, fluviatilen Aufbereitungsgrad, die Konglomeratkomponenten nicht marine, fluviatile Formgebung; Korngröße und Zurundungsverhältnisse z. T. sprechen für geringe Transportweite.

b) Das Herkunftsgebiet der Sedimente z. T. und der basischen Effusiva z. T. ist in unmittelbarer Nähe des Ablagerungsraumes zu suchen.

Als Herkunftsgebiet der effusiven Geröllporphyre wird der Quarzkeratophyr von Lastau angesehen, evtl. auch ein ihm adäquates Gestein der Nachbarblätter Frohburg und Langenleuba. Seine mineralogische und strukturelle Verknüpfung mit den Graphophyrgesteinen läßt vermuten, daß das hierzu gehörige Muttergestein eher im Raum des Granulitgebirges als im Bereich der Mitteldeutschen Schwelle zu suchen ist.

Als Nebenergebnisse der Untersuchungen ist der Nachweis zu betrachten, daß

1. anstehendes Gotlandium durch Graptolithen bis in die obersten Horizonte des Obervalent belegt ist,
2. ein Teil der Kalksteine des Untersuchungsgebietes Dolomite und die Schalsteine im Ablagerungsraum überwiegend verschieferte Diabase sind[1]).

[1]) Das vollständige Manuskript dieser Arbeit mit zahlreichen weiteren Abbildungen ist im Geologisch-Paläontologischen Institut der Humboldt-Uuniversität Berlin niedergelegt.

Literaturverzeichnis

ANDERSON, O., The genesis of some type of feldspar. – Norsk Geologisk Tidsskrift, 10. Bd., 1928.

BARREL, J., Criteria for the recognition of ancient delta deposits. – Bull. Geol. Soc. Am., 23, 1912.

– Marin and terrestrial conglomerates. – Bull. Geol. Soc. Am., 36, 1925.

BATTEY, M. H., Alkali metasomatism and the petrology of some keratophyres. – Geol. Mag., Vol. XCII 1955.

BECKER, H., Das Zwischengebirge von Frankenberg i. S. – Abh. Sächs. Geol. Landesamt, Leipzig, 1928.

BERTHOIS, L., Méthode d'étude des galets, application à l'étude de l'évolution des galets marins actuels. – Revue de Géomorphologie Dynamiques, 5, 1950.

BOUILLET, J. et CAILLEUX, A., L'indice d'émoussé des galets de quartz, de gneis etc. – Compt rend. somm. Soc. Géol. France 1949.

BUBNOFF, S. v., Grundprobleme der Geologie. – Mitteldt. Druckerei u. Verlagsanst., Halle 1949.

– Der Werdegang einer Eruptivmasse. – Fortschr. d. Geol. u. Paläont., Bd. VII, H. 20, 1928.

CAILLEUX, A., Distinction de galets marins et fluviatiles. – Bull. Soc. Géol. France 1947.

– L'indice d'émoussée, définition et première application. – Compt. rend. somm. Soc. Géol. France 1947.

CHAYES, F. and FAIRBAIRN, H. W., A test of the precision of thin section analysis by point-counter. – Am. Min. 36, 1951.

CHAYES, F., Notes on the staining of potash feldspar with sodium cobaltnitrite in thin section. – Am. Min. 37, 1952.

COLONY, R. J., The final consolidation phenomena in the crystallization of igneous rocks. – Journ. Geol. 31, 3, 1923.

DRESCHER-KADEN, F. K., Die Feldspat-Quarz-Reaktionsgefüge der Granite und Gneise und ihre genetische Bedeutung. – Min. u. Pet. in Einzeldarstellung, Springer Verlag 1948.

EBERT, H., Die Bestimmung der sauren Plagioklase mit Hilfe der Zonenmethode. – Min. Pet. Mitt. 42, 1942.

– Die Art der Verwachsung bei einigen granitischen Perthitfeldspäten. – Fortschr. Min. Pet. 16, Bd. 1932. — Zur Kenntnis der Keratophyre von Hof. — N. Jb. Min. Abh., 82, 1951.

EIGENFELD, R., Die granitführenden Konglomerate des Oberdevons und Kulms im Gebiete altkristalliner Sattelanlagen in Ostthüringen, Frankenwald und Vogtland. – Prävarisk. Glieder d. sächs.-fichtelgeb. Krist. Schiefer, IV, Abh. sächs. Akad. Wiss., Bd. 42, Nr. 7, Leipzig 1938.

EMMONS, R. C., The universal stage. – Geol. Soc. Am. Mem. 8, 1948.

FREUND, H., Handbuch der Mikroskopie i. d. Technik. – Bd. IV, Teil 1, Umschau Verlag, Frankfurt/Main 1956.

GATES, R. M., Petrogenic significance of perthit. – Geol. Soc. Am. Mem., 52, 1953.

GREGORY, H. E., Note on the shape of pebbles. – Am. Jour. Sci. col. 39, 1915.

HADDING, A., The pre-quaterny sedimentary rocks of Sweden. – II, the paleozoic and mesozoic congl. of Sw., Lunds geol.-min. Institution Nr. 32, 1928.

HELMBOLD, R., Beitrag zur Petrographie der Tanner Grauwacken. – Heidelberger Beitr. Min. Pet. III. Bd., H. 4, 1953.

HENTZSCHEL, H., Über die Tuffnatur der Schalsteine. – Notizblatt d. Hessischen L. f. Bodenf., H. 2, 1951.

HOERNES, R., Gerölle und Geschiebe. – Verhdlg. k. k. Reichsanstalt 12, Wien 1912.

HOHL, R., Der Leipziger Granit. — Geologie 4 (1955), H. 1.

JOHANNSEN, A., A descriptive petrography of rocks. – Vol. I, II, Chicago 1931/32.

KIRSCH, H., Die differentialthermoanalytische Untersuchung von Tonschiefern. – Tonindustrie Zeitung 23/24, 1955.

KRUMBEIN, W. C., and PETTIJOHN, F. J., Manual of sedimentary Petrography. – D. Appleton-Century Comp., New York und London 1938.

KRUMBEIN, W. C., and L. L. SLOSS, Stratigraphy and sedimentation. – W. H. Freeman Comp., San Francisco 1951.

LEHMANN, E., Eruptivgesteine und Eisenerze im Mittel- und Oberdevon der Lahnmulde. – Techn. Pädagog. Ver., Wetzlar 1941.

MEHNERT, K. R., Die Metakonglomerate des Wiesenthaler Gneiszuges im sächsischen Erzgebirge. – Min. u. Pet. Mitt. 50, 1938.

MÖBUS, G., Das Gefüge des Lausitzer Granodiorits, ein Erstarrungsgefüge mit endoblastischer Nachphase. – Ber. d. Geol. Ges. DDR., Bd. 1, H. 1, 1956.

MÜNZER, H., und SCHNEIDERHÖHN, P., Das Sehnenschnittverfahren. – Heidelberger Beitr. Min. Pet. III. Bd., H. 4, 1953.

NIGGLI, P., Gesteine und Minerallagerstätten. – Bd. I und II, Verl. Birkhäuser, Basel 1952.

PETTIJOHN, F. J., Sedimentary rocks. – Harper & Brothers Publ. New York 1949.

PIETZSCH, K., Abriß der Geologie von Sachsen. – Volk u. Wissen Volkseigener Verl., Berlin 1951.

POSER H., und Hövermann, J., Untersuchungen zur pleistocänen Harzvergletscherung. – Abh. Braunschweig. Wiss. Ges. 3. Braunschweig 1951, S. 61–115.

RICHTER, K., Morphometrische Gliederung von Terrassenschottern. – Eiszeitalter u. Gegenwart, Bd. 2, 1952.

ROSENBUSCH, H., Mikroskopische Physiographie der Gesteine. – Bd. I und II, 1907.

SCHEUMANN, K. H., Die magmatisch-orogenetische Stellung der Frankenberger Gneisgesteine. – Prävarisk. Glieder d. sächs. fichtelgebirg. krist. Schiefer, I, Abh. Sächs. Akad. Wiss., Leipzig 1924.

– Über die petrogenetische Ableitung des roten Erzgebirgsgneises. – Min. u. Pet. Mitt. 42, Leipzig 1932.

– Die gesteins- und mineralfazielle Stellung der Metakieselschiefergruppe der südlichen Randzone des sächs. Granulitgebirges. – Abh. math. phys. Kl. Sächs. Akad. Wiss., III, Leipzig 1925.

SCHNEIDERHÖHN, P., Methode zur quantitativen Bestimmung von Abrundung und Form an Sandkörnern. – Heidelberger Beitr. Min. Pet., IV. Bd., H. 1/2, 1954.

SCHÖNENBERG, R., Stratigraphie, Tektonik und geosynklinaler Magmatismus der ältesten Oberdevonzeit am Bergaer Sattel (Ostthüringen). – Geol. Jahrb. 66, 1951, S. 1–64.

SCHRÖDER, E. Prävariskischer Magmatismus und Tektonik in den Sattelzonen Ostthüringens. – Unveröffentlichte Dissertation, Berlin 1956.

SCHMIDT, K., Die Konglomerate der Clanzschwitzer Grauwacke bei Oschatz in Sachsen. – Geologie Bd. 5, Nr. 3, Berlin 1956.

SHROCK, W., Sequence in layered rocks. – Mc. Graw-Hill Book Comp. Inc., New York 1948.

SCHÜLLER, A., Über epizonal verformte Magmatite des westl. Fichtelgeb., ihre genetische Ableitung und ihre Weiterbildung in Hornfelsfazies. – Prävarisk. Glieder d. sächs.-fichtelgeb. krist. Schiefer III, Abh. math. phys. Kl. Sächs. Akad. Wiss., Bd. 42, Nr. III, Leipzig 1934.

– Petrographie und tektonische Stellung der metamorphen Granite von Dessau. – Neues Jb. Min.-Geol. Paläont. Abh., Bd. 82, 1951.

– und DETTE, K., Magmatische Gesteine aus dem Thüringer Wald. – Geologie 5, 1955.

SZADEZKY-KARDOSS, E. v., Die Bestimmung des Abrollungsgrades. – Zbl. Min. Geol. Plaäont., Abt. B, 1933.

TRICART, J., et SCHAEFFER, R., L'indice d'émoussé des galets, moyen d'étude des systeèmes d'érosion. – Revue de Géomorphologie Dynamiques 4, 1950.

TRICART, J., Études sur le faconnement des galets marins actuels. – Proceedings third Internat. Congr. Sedimentology, Waageningen 1951.

TRÖGER, W. E., Tabellen zur optischen Bestimmung der gesteinsbildenden Minerale. – E. Schweizerbartsche Verlagsbuchhdlg., Stuttgart 1952.

TWENHOFEL, W. H., Principles of sedimentation. – McGraw-Hill Book Co., New York 1932.

ZINGG, Th., Beitrag zur Schotteranalyse. – Schweizer Min. u. Pet. Mitt. 5, 1935.

ZIRKEL, F., Lehrbuch der Petrographie. – Leipzig 1893.